사색하기 좋은 도시에서

사색하기 좋은
도시에서

안정희 지음

지적인 여행이 필요한 순간,
우리가 떠올릴 수 있는 모든 곳.

중앙books
JoongAng Ilbo

광막한 지구에서

내 손을 잡아준

준

에

게

앞으로 20년 뒤에는
자신이 한 일보다는
하지 못한 일 때문에
아쉬움을 느끼게 될 것이다.
그러니 밧줄을 풀어버려라.
안전한 항구를 떠나라.
돛에 가득 무역풍을 받으라.
모험하라. 꿈꾸라. 발견하라.

- 마크 트웨인

차
례

이 책에
등장하는
여행지

Europe
Russia
Germany
Spain
Croatia
Italy
Slovenia
Greece
United Kingdom
France
Montenegro
Albania
Czech
Austria
Bosnia
Herzegovina
Turkey

Middle East
Jordan
Syria

Africa
Egypt

Asia
India
China
Thailand
Nepal
Tibet
Cambodia

America

01

꿈꾸는 하얀 도시

러시아 ✈ 상트페테르부르크
Russia, Saint Petersburg

이곳은, 뭐라고 해야 할까. 베네치아와 파리를 합쳐놓은
것 같은 도시다. 도시 곳곳을 운하가 구불구불 휘감아
흐르고, 거리에 세워진 건물은 모두 웅장하고 멋스럽다.
한없이 아름다운 도시, 상트페테르부르크. 이곳에서 나는
준과 실랑이를 벌였다.

러시아에 오기 전부터 겁을 잔뜩 집어먹고 있던 나는
절대로 야경 투어를 나가지 않겠다고 버텼고, 백야가
자아내는 몽환적인 분위기에 반해버린 준은 무려 밤
12시 넘어 출발하는 '미드나잇 유람선'을 타자며 나를
설득했다. 겁쟁이인 나는 쉽게 넘어가지 않았다. 준은
완강한 나를 인포메이션에서 티켓 판매를 돕고 있는

훤칠한 청년에게 데려갔다. 그는 생글생글 웃으며 유쾌한
목소리로 말했다. 한밤의 상트페테르부르크는 결코
위험하지 않다고.

> 금빛 하늘이 어두워지지 않고
> 반시간 겨우 밤을 허락하더니
> 저녁노을이 아침노을로
> 어느새 서둘러 바뀐다.

상트페테르부르크의 밤이 푸슈킨의 시구처럼 빛나던
어느 날, 결국 백야의 유혹에 넘어가 배에 올랐다. 배는
운하를 따라 천천히 흘러갔다. 노란 불빛으로 은은하게
물든 고색창연한 건물과 밝지도 어둡지도 않은 기묘한
하늘이 나를 현실이 아닌 멀고먼 세계로 데려가는
것 같았다. 사람을 가득 실은 배들이 겨울 궁전으로
몰려왔다가 흩어졌다. 사람들은 저마다 꿈을 꾸는 듯한
표정을 짓고 있었다. 배는 다시 출렁이는 네바 강을 따라
하나둘 떠내려갔다. 감동으로 일렁이는 내 마음도 네바
강을 따라 천천히 흘러가고 있었다.

미드나잇 투어를 마치고도 우리는 숙소로 돌아가지
않았다. 들뜬 표정으로 넵스키 대로를 걸었다. 사위는
아직도 밝았고 백야를 즐기는 인파가 네바 강의 물결처럼
끊임없이 이어졌다. 그들은 양 볼에 산들거리는 미풍을
맞으며, 길고 어두운 겨울 끝에 찾아온 봄을 만끽하고
있었다. 오래 지속되지 못하고 곧 지나가버릴, 짧고도
찬란한 젊음 같은 계절을.

⚘ 알렉산드르 푸슈킨, 『푸슈킨 선집』, 최선 옮김, 민음사, 2011

02

나의 하이델베르크 산책

독일 ♠ 하이델베르크
Germany, Heidelberg

어느 흐린 날. 기차를 타고 하이델베르크로 갔다. 골목
사이사이를 걸었다. 산책 나온 가족과 연인, 자전거를
타고 쌩하게 지나가는 젊은이들, 곳곳에 포진해 있는
여러 무리의 관광객. 그들 덕분에, 날은 흐렸지만 도시는
맑았다. 잔잔한 네카 강에 놓인 돌다리를 건너 '철학자의
길'로 들어섰다.

양옆으로 내 키를 훌쩍 넘기는 높이의 담이 세워져
있었다. 뱀처럼 굽은 길. 전후좌우를 둘러봐도 네모난
벽돌만이 끊임없이 이어지는 길. 지나가는 이도 없어,
누구도 알지 못하는 비밀스런 장소에 갇힌 느낌이었다.

묵묵히 길을 오르다 능선에 이르렀을 때 시야가
탁 트이며 하이델베르크 시내가 눈에 들어왔다.
푸른 산과 강, 오래된 성, 그 안에 지어진 주홍색 지붕을
지닌 집들 사이로 방금 내가 걸어온 길이 보였다.

다시 걸었다. 바람에 날리는 부드러운 머리칼, 땅을
내딛는 탄탄한 두 다리, 아무것도 들려 있지 않은
자유로운 양 손을 느끼며 고독하게 걸었다. 그리고 그날,
나는 내 마음속 깊은 곳에서 울리는 야성野性의 소리를
들었다.
루소의 말이 맞았다.

고독과 명상의 시간들이야말로 하루 중 내가 나
자신으로 충만히 존재하며, 내 마음을 빼앗는 것이나
방해하는 것 없이 나 자신에게 집중할 수 있는 시간이자,
진실로 본성이 바라는 대로 존재할 수 있는 유일한
시간이다.

♣ 장 자크 루소, 『고독한 산책자의 몽상』, 김모세 옮김, 부북스, 2010

03

카드 두 장, 그 이름은 자유

칠레 ♠ 비냐델마르

Chile, Viña del Mar

산티아고로 가기 위해 버스터미널로 향하는 마을버스에
올랐다. "미르마르 역에 도착하면 알려주세요" 하곤,
마음을 푹 놓고 창밖 풍경에 빠져 있었다. 얼마쯤
지났을까. 문득 너무 멀리 왔다는 생각이 들어 버스
기사에게 물어보니 이미 버스터미널을 지나쳤단다.
"하지만 걱정하지 마. 버스는 곧 종점을 돌아 다시 역으로
갈 거야"라고 그는 말했다. 버스가 마지막 정류장에
들어서자 버스에는 나와 준, 둘만 남겨졌다. 그는 버스를
돌리며 물었다.

"어디에서 왔어?"

"한국에서."

"이름이 뭐야?"

"나는 안이고, 애는 준이야."

"무슨 일 해?"

"나는 도서관에서 일하고, 준은 책을 만들지."

"칠레에는 언제 왔어?"

"며칠 전에."

그렇게 또 한참을 달렸다. 눈앞에 아름다운 해변이
펼쳐졌다. 우리는 역으로 가는 대신 그곳에 내려 시간을
보내기로 했다. 우리나라와 달리 한여름에 새해를
맞이하는 칠레의 바닷가엔 해수욕을 즐기는 사람들로
붐볐다. 해변에 앉아 바다와 파도와 하늘과 구름과 사람이
만들어내는 풍경을 바라보고 있었다. 바지를 걷어 올리고
다리를 모래 사이에 파묻었다. 따끈따끈한 모래 알갱이가
느껴졌다. 우리 손에는 자유라는 이름의 카드 두 장이
쥐어져 있었다. 무엇이든 할 수 있는 자유와 아무것도
하지 않을 자유. 순간 해변에서 불을 피워놓고 덩실덩실
춤을 추던 조르바가 떠올랐다.

"처음부터 분명히 말해 놓겠는데, 마음이 내켜야 해요.
분명히 해둡시다. 나한테 강요하면 그때는 끝장이에요.
이런 문제에서만큼은, 당신은 내가 인간이라는 걸
인정해야 한다 이겁니다."
"인간이라니, 무슨 뜻이지요?"
"자유라는 거지!"✦

비냐델마르에서 나는 인간이었다. 세상이 내게 지운 모든
의무와 부담을 벗어놓은 자유로운 영혼.

✦ 니코스 카잔차키스, 『그리스인 조르바』, 이윤기 옮김, 열린책들, 2009

04

고래를 사랑한 소년

아르헨티나 ♠ 푸에르토마드린

Argentina, Puerto Madryn

고래를 만나러 푸에르토마드린으로 갔다. 마을은
한산했다. 고래를 보기 위해 모인 관광객들과 그들을
상대하는 몇몇 가게들만 살아 움직이고 있었다. 나는
한적한 바닷가에 앉아 배가 출발하길 기다리며 소설
『지구 끝의 사람들』을 읽었다.

주인공은 칠레의 수도 산티아고에 사는 열여섯 살
소년이다. 고래 이야기 『모비 딕』을 읽고 여름 방학에
칠레 남부의 파타고니아로 여행을 떠난다. '남극성 호'를
타고 바다를 누비고, 에이허브 선장의 후예들일 바다
사나이들도 만난다. 그들에게서 고래 이야기를 듣던 밤,
소년은 포경선을 타기로 결심한다.

배를 타고 바다로 나갔다. 얼마쯤 달렸을까. 여기저기서
물에 젖어 매끈하게 빛나는 고래 등이 보였다. 고래는
물살을 가르며 유유히 바다를 떠다니다가 세찬 물줄기를
뿜어댔다. 가끔은 거대한 물거품을 일으키며 물 위로
솟구쳐 올랐다. 나는 고래의 도약에 연신 탄성을
내질렀다. 그 모습을 사진에 담으려는 내 희망을 번번이
저버리고, 고래는 금세 날렵한 꼬리를 드러내며 물속으로
사라지곤 했다. 문득 고래의 울음소리가 아주 가까이에서
들려왔다. 수면 아래로 거뭇한 물체가 움직였다. 천천히
배 쪽으로 다가오던 녀석이 물 위로 모습을 드러냈다.
나는 손을 내밀어 인사를 건넸다. 따개비가 붙은 입이
방긋 웃고 있는 듯했다.

마을로 돌아와 다시 책을 펼쳤다. 소년은 포경선을 타고
돌고래 떼와 범고래를 만난다. 마침내 고래들의 종착지에
들렀을 때, 고래를 해체하는 작업과 거기서 나오는 뼈
무덤을 목격했고 자신은 고래잡이가 되지 않을 것이라
다짐한다. 그런 소년에게 선장이 말한다.

　　"친구. 자네가 고래잡이를 좋아하지 않는 것 같아 무척
　　기쁘군. 사실 하루가 멀다 하고 고래들이 줄어드니,

어쩌면 이 지역에서 우리가 마지막 고래잡이 선원들이
될지도 모를 거야. 그렇지만 잘됐지 않은가. 이제 우리도
고래들이 평온하게 살아가도록 놔둘 때가 되었어. 나의
증조할아버지를 비롯해서 할아버지와 아버지까지,
그분들은 다들 고래잡이 선원이었지. 내가 만일 자네
같은 아들이 있었다면, 다른 길을 가라고 충고했을
거야." ♣

우리가 선장의 말에 조금만 더 귀 기울였다면 바닷속
고래들의 노랫소리는 더 크게 울려 퍼지지 않았을까?
설핏 잠이 들 때까지도 내 귓가엔 계속해서 고래의
울음소리가 들려왔다.

♣ 루이스 세풀베다, 『지구 끝의 사람들』, 정창 옮김, 열린책들, 2003

05

프라하에서, 꿈꾸다

체코 ✦ 프라하
Czech, Praha

세월의 거뭇한 그을음마저도 아름다운, 고색창연한 도시.
붉은 지붕을 얹은 집들이 울창한 숲처럼 이어지는 곳.
여느 때처럼 도시 곳곳을 걸었다. 언덕 위 성을 둘러보고
시내를 가로지르는 블타바 강에 놓인 카를 교를 건너
광장에 이르렀다. 그곳에 앉아 지친 다리를 쉬고 있을 때
우수에 젖은 눈매를 가진 남자가 다가와 내게 말을
걸었다.

　"프라하를 여행 중이신가 봐요."
　"네, 프라하는 참 매력적인 도시네요. 과거와 현재가
　오묘하게 섞여 있다고 할까요?"
　"하지만 이곳에 살면 마냥 아름답게 보이지만은

않을 거예요. 프라하는 다양한 종교와 언어가
교차하는 곳이에요. 체코는 기독교 국가이자
체코어를 쓰는 나라이지만, 프라하엔 유대교를 믿는
사람도, 독일어를 쓰는 사람도 있어요. 저만 해도
유대교를 믿는 이교도이자, 독일어를 쓰는 이방인인
걸요. 그래서 관광객에는 더 매력적일 수 있지만,
현지인에게는 자기 분열을 안겨주지요. 그래도……
산책하기엔 더할 바 없이 좋은 곳이죠."
"맞아요. 저도 지금 프라하 성에서 이곳까지
산책했거든요. 그런데 오후 3시면 한창 일할 시간
아니에요?"
"저는 보험공사에서 일하는데 퇴근이 2시예요. 퇴근
후엔 집에 가서 저녁때까지 낮잠을 자죠. 그리고
산책을 하고 늦은 저녁을 먹어요."
"그럼 밤엔 뭐하세요?"
"새벽 두세 시까지 글을 써요."
"와. 어떤 글이요?"
"소설이요. 지금 쓰고 있는 건 중편인데,
그레고르라는 청년이 주인공이에요. 어느 날 잠에서
깨어났는데 자신이 벌레로 변해 있는 모습을
발견하지요."

"어? 그거 카프카가 쓴 『변신』이랑 너무
비슷한데요?"

갑자기 몸이 흔들렸다. 어렴풋이 "이제 그만 일어나!"라는
준의 목소리가 들려왔다. 정신을 차리고 보니 나는 구시가
광장에 앉아 있었다. 지친 다리를 잠시 쉰다는 게 까무룩
잠이 든 모양이다. 눈치 없는 준. 카프카와의 대화를
방해하다니.

06

바이족의 삼도차

중국 ◆ 다리
China, Dali

바람과 꽃은 잘못 들어와 봄동산을 열었고, 눈과 달은
오래 머물러 불야성을 이루네.

바람과 꽃과 눈과 달. 송나라 시인 소식은 「설후雪後」라는
시에서 네 계절의 아름다운 경치를 '풍화설월風花雪月'로
표현했다.

중국 다리의 시저우. 이곳은 그야말로 풍화설월의
마을이다. 북쪽의 바람과 남쪽의 꽃, 창산의 눈과 얼하이
호수에 뜬 달. 풍광 좋은 이곳에서는 일찍부터 풍미 깊은
차※가 재배됐다.

이 마을엔 바이족白族이라 불리는 사람들이 살았는데
햇볕을 토해내는 흰 칠을 입힌 담을 세우고, 붉은 꽃이
수놓아진 새하얀 옷을 입고 있었다. 손님이 오면 쓴맛,
단맛, 오묘한 맛의 세 가지 차를 내어주고는 인생은 원래
쓰고 달고 복잡한 것이라며 등을 쓰다듬어 주고 손을
잡아주었다고 한다.

옛날부터 차와 말을 맞바꾸려는 이들이 이 마을에 자주
들르곤 했다. 4천 미터에 이르는 높고 험준한 길인
차마고도. 몇 굽이인지 셀 수 없을 만큼 깊은 산길을
걸어야 했던 차마고도의 마방馬幇들은 이곳에서 따뜻한 차
한 잔과 한 줌의 위로를 얻고 싶었던 것 아닐까.

◆ 전관수, 『한시어사전』, 국학자료원, 2002

07

마법의 마을에 머물다

멕시코 ♠ 탁스코
Mexico, Taxco

멀리서 들려오는 북소리에 이끌려
나는 긴 여행을 떠났다.
낡은 외투를 입고
모든 것을 뒤로한 채……

하루키처럼 나도 먼 곳으로 긴 여행을 떠났다. 어쩌면
그때 내게도 북소리가 들려왔는지 모른다. 내가 도착한
곳은 멕시코의 고원 도시 탁스코. 하얀색으로 벽을 칠하고
파란색으로 장식을 하고 검은색으로 문패를 달아놓은
작은 산골 마을이었다.

집을 구했다. 뜨거운 태양을 향해 쭉 뻗은 사이프러스
나무들이 심겨 있는, 꼭 고흐의 그림에 나올 것 같은
곳이었다.

스페인어를 배우는 것 외에 딱히 해야 할 일이 없었다.
맑은 날엔 하늘을 보고 누웠고, 흐린 날엔 그리운
이들에게 엽서를 썼다. 많은 시간, 문자와 여백과 맥락을
좇으며 느긋하게 책을 읽었다. 밤이 찾아오면 집 앞
광장으로 나가 멕시코 사람들의 일상을 함께했다. 대형
마트 'super Che'에서 한가득 장을 봐와 멕시코 요리책을
펼쳐놓고 정성들여 음식을 만들었다. 가끔 고향이 그리운
이들을 불러 모아 술판을 벌였고, 우리는 데킬라에 취해
각자의 모국어로 향수를 토해내곤 했다.

탁스코는 멕시코 정부가 지정한 서른다섯 개의 '마법의
마을Publo Mágico' 중 하나다. 그런데 가끔은 정말로 사람의
마음을 변화시키는 마술을 부리기도 했다.
파란 하늘, 산들 바람과 따뜻한 햇살. 대성당의 분홍빛
탑이 내려다보이는 내 작은 방. 좁은 골목을 누비고
다니는 하얀색 올드 비틀. 물과 빵을 팔러 다니는
사람들의 목소리.

탁스코는 이런 소박한 것들로 사람을 행복하게 만드는
진짜 마법의 마을이었다.

🍂 무라카미 하루키, 『먼 북소리』, 윤성원 옮김, 문학사상사, 2004

08

쿠바 산 시가에 대한 로망

쿠바 ♠ 아바나
Cuba, Havana

시가cigar라는 말에는 로망이 담겨 있다. 기계가 찍어내는
공장 식 담배와는 다르니까. 사람의 손으로 한 잎 한
잎 정성스레 말아 만드는, 한 개비 한 개비가 유니크한
담배. 담배를 물 때 입술에 와 닿는 두툼한 느낌도 좋고,
크게 들이마셨다가 내뱉을 때 맛보게 되는 깊고 중후한
연기도 좋다. 시가 앞에 쿠바 산이라는 수식어가 붙으면
그 로망은 배로 커진다. 시가에 있어서 '쿠바 산'이라는
단어는 '오리지널'과 같은 뜻인지도 모르겠다.

아바나에 있는 시가 공장에 갔다. 극장의 무대 같은
곳에서 누군가 마이크에 대고 소설을 읽어주고 있었다.
그곳 사람들은 라디오나 음악을 듣는 대신, 소설이나 신문

기사를 라이브로 들으며 시가를 만들고 있었다. 커다란
손이 담뱃잎 넉 장을 쥐고 동글동글 말았다. 동그랗게
만 시가를 압축 기계에 넣어 꽉꽉 누르고, 뜨거운 햇볕
아래서 바싹 말린 커다란 담뱃잎으로 다시 한 번 감쌌다.

아빠에게 쿠바 산 시가를 선물하고 싶었다. 아빠와
어울리는 브랜드의 시가를 고르고 피우는 방법을
정성스레 적었다. 그림까지 그려가면서. 편지를 쓰고
시가를 포장하는 내내 아빠가 기뻐하는 모습을 떠올렸다.
우체국으로 달려가 한국으로 소포를 보내고 싶다고
이야기하니 소포 내용물이 뭐냐고 묻는다. 나는 당당하게
'시가'라고 답했다. 우체국 직원이 웃으며 말했다. '담배는
우편물로 보낼 수 없는 품목'이라고. 쿠바 산 시가에 대한
내 로망은 그렇게 끝이 났다.

09

소원의 종을 세 번 울리면

슬로베니아 ♠ 블레드
Slovenia, Bled

슬로베니아 북쪽의 율리안 알프스 산자락. 풍광 좋은
이곳에 블레드라는 아기자기한 마을이 있다. 마을
가운데엔 빙하가 만든 깊고 맑은 블레드 호수가 있고,
잔잔한 호수 위엔 블레드 섬이 떠 있다. 그 옆으론 울창한
숲속 절벽이 우뚝 서 있는데, 절벽 끝에 블레드 성이
지어져 있다. 이곳에선 모든 것에 '블레드'라는 이름이
붙는다.

동화 속 한 장면 같은 풍경을 지닌 이 마을에 사이좋은
부부가 살았다. 하늘이 그들의 사랑을 시샘했던 걸까.
어느 날 강도가 들어 남편이 죽고 만다. 홀로 남겨진
아내는 먼저 간 남편이 사무치게 그리웠다. 가슴이 뻥

뚫린 것 같아 매일을 한숨 속에 보냈다. 그녀에겐 남편의
빈자리를 채워줄 뭔가가 필요했다. 블레드 섬에 있는
예배당에 남편을 추모하는 종을 만들어 걸기로 했다.
그녀는 완성된 종을 나룻배에 싣고는 사공을 불러
예배당에 걸어달라고 부탁했다. 그런데 갑자기 풍랑이
닥쳐와 종을 실은 배가 호수에 가라앉고 말았다. 공들여
만든 종마저 없어지자 그녀는 더 이상 세상을 살아갈
의욕을 잃고 말았다. 전 재산을 블레드 섬에 새로운
성당을 짓는 데 내놓고 이탈리아 로마로 가 수녀가
되었다. 훗날 그녀의 기구한 사연을 전해들은 교황이
그녀의 소원대로 성당에 종을 달아주었다. 그리고 누구든
종을 세 번 울리며 소원을 빌면 이뤄질 거라고 말했다.

　"종 치고 무슨 소원 빌 거야?"
　"경치에 정신 팔린 준의 귀 좀 열어 달라고."
　"귀를 열어?"
　"내가 통통한 소시지 파는 펍을 봐뒀거든."
　"뭔 소리야?"
　"한 시간 전부터 내 배에서 나는 꼬르륵 소리 안
　들려!"

10

지브릴에게

시리아 ♠ 하마
Syria, Hamah

안녕 지브릴.

너를 만난 게 벌써 4년도 더 지난 일이네. 그동안
많이 자랐겠구나. 네가 탄 유모차를 밀고 있던 네
형 또래가 됐으려나. 깜짝 놀란 듯한 동그란 눈,
긴 속눈썹, 통통한 볼과 조그마한 분홍빛 입술. 네
모습은 성당을 장식한 아기 천사 그대로였어.

그때 난 네 나라를 여행하던 중이었어. 오래된 도시
다마스쿠스와 팔미라 유적을 거쳐 하마에 도착했을
때, 난 완전히 지쳐 있었단다. 기온이 높고 건조한
사막에 지어진 나라를 여행한다는 건, 내겐 견디기

힘든 일이었어. 몸 안에 있는 모든 수분이 증발해
피가 끈끈해지는 기분이었거든.

그렇지만 하마의 모든 게 좋았어. 레바논에서 터키까지
흐르는 오론테스 강에 지어진 오아시스 마을.
수십여 개의 물레방아에서 떨어지는 물방울 소리.
당도가 높은 과일을 갈아 만든 신선한 주스.
밤이 오면 반딧불처럼 초록빛으로 깜빡이는 도시.
하마가 좋아 여행 일정을 늘려 그곳에서 며칠을 더
보냈지.

하마에서 일어난 비통한 이야기를 듣게 된 건
한국으로 돌아온 지 얼마 안됐을 때였어. 시리아에서
일어난 반정부 시위가 무장 폭동으로 이어지고,
끝내는 내전으로 번졌다는 소식들이 몇 달이나
계속됐어. 심지어······ 그 중심에 하마가 있다고.
유모차가 지나다니던 거리에 탱크가 들어서고,
정갈하던 도시는 포탄에 무너져 내렸어. 웃음이
번졌던 사람들의 얼굴은 절망과 고통으로 검게
타버리고, 아이들은 장난감 대신 총을 들었지.

그때, 네가 떠올랐어. 해가 넘어갈 무렵 선선한
바람이 불던 저녁, 낯선 외모의 이방인을 호기심
가득한 눈으로 쳐다보던 네 모습이. 너는 지금
어디에 있는 거니. 잘 지내고 있는 거니. 너와 네 가족
모두, 부디 안녕하길.

인샬라.

11

깊은 밤,
에스프레소 잔을 앞에 두고

알바니아 ♠ 슈코더르

Albania, Shkodër

난공불락의 성채 로자파Rozafa Castle에 올랐다. 잔잔한 호수,
뱀처럼 굽이치는 강, 연두와 초록으로 반듯하게 구획된
농경지. 이곳은 훼손되지 않은 원형 그대로의 자연을 지닌
도시 슈코더르. 가파른 성을 오르내렸더니 갈증이 목까지
차올랐다. 서둘러 도심 쪽으로 내려갔다.

구시가지로 들어서자 양 옆에 레스토랑과 카페들이
즐비했다. 길 가운데 있는 옥외 테이블에 자리를 잡고
피자와 맥주를 주문했다. 알바니아의 수도 이름을 딴 맥주
티라나. 이 나라의 상징인 검은 쌍두 독수리가 그려져
있다.

민소매 블라우스와 짧은 치마, 화려한 장신구를 걸친
여인들이 지나갔다. 가만…… 이곳은 이슬람 국가가
아니었던가. 그러고 보니 거리 곳곳에 모스크는 있지만
히잡을 두른 여인을 본 적도, 기도 시간을 알리는 아잔을
들은 적도 없다.

그런데 어딘가 낯익은 모습이 눈에 들어왔다. 술을
금하는 이슬람 국가에서 커피를 마시며 둘, 셋, 넷씩
모여 이야기를 나누는 남자들 모습. 그들은 에스프레소
잔을 앞에 두고 깊은 밤이 올 때까지 이야기꽃을 피우고
있었다. 무슨 이야길 하고 있을까? 어쩌면 카다레의 소설
「술의 나날」에 나오는 남자들처럼, 알바니아 시인의
소실된 작품을 찾으러 갈 궁리를 하고 있는 건 아닐까?

12

시인의 섬

칠레 ♠ 이슬라네그라
Chile, Isla Negra

칠레의 시인 파블로 네루다가 아내 마틸데와 노년을
보낸 작은 바닷가 마을 이슬라네그라. 그의 집은 짙푸른
바다 위에 떠 있는 한 척의 배와 같았다. 풍상을 헤치고 온
뱃머리 여인들이 류트를 연주하고, 넘실넘실 파도를 타는
선실에선 네루다와 마틸데가 선율에 맞춰 춤을 추었다.

크고 작은 청동색 종이 매달린 종루로 가 바다를 향해
섰다. 먼 바다에서 바람이 불어왔다. 바람이 데리고 온
파도가 까만 바위에 부딪혀 하얗게 부서지고 있었다. 문득
네루다의 실제 이야기를 담은 안토니오 스카르메타의
소설『네루다의 우편배달부』가 떠올랐다.

이슬라네그라에 머물던 네루다는 주 프랑스 대사로 발령
받아 칠레를 떠난다. 파리 생활이 길어져 이슬라네그라가
그리웠던 네루다는 우편배달부이자, 친구이자, 제자인
마리오에게 편지를 보낸다. 이슬라네그라를 거닐며
마주치는 모든 소리를 녹음해달라고.

마리오는 그의 부탁대로 녹음기를 들고 이슬라네그라의
소리들을 녹음한다. 종루의 바람 소리, 바윗가의 파도
소리, 갈매기 울음소리, 벌들이 윙윙대는 벌집 소리.
그리고 네루다의 이름을 딴, 자신의 갓 태어난 아들
파블로 네프탈리 히메네스 곤살레스의 울음소리까지.

나는 시인이 머물다 간 매혹의 검은 섬에서 한참의 시간을
보냈다. 마리오가 녹음한 이슬라네그라의 소리들을
마음에 담으려는 듯이, 나도 언젠가 네루다처럼 이곳의
소리들을 그리워할지 모른다는 생각을 하면서, 그렇게
오랫동안.

13

내가 공원을 만든다면

캐나다 ♠ 밴쿠버
Canada, Vancouver

사랑스런 물결이 일렁거리는 바다 가까운 곳에
터를 잡을 거다.
사람들에게 그늘을 만들어줄
가지가 무성한 나무를 심어야지.
멀리서 바라보면 공원이 올록볼록한 숲처럼
보이도록.
천천히 걷거나 숨 가쁘게 달릴 수 있는 길을 만들고,
스케이트보드나 인라인스케이트처럼
바퀴 달린 무언가를 타고 쌩쌩 달릴 수 있는 길도
만들어야지.
아, 자전거를 타고 한 바퀴 돌아볼 수 있는
해변도로도 뚫을 거다.

공원 구석구석에 호수를 숨겨두고 능청스러운

백조도 몇 마리 풀어놔야지.

그리고……

도시의 모습을 바라보며 해수욕을 즐길 수 있는

해변도 펼쳐놓을 테다.

그곳에서 아이들은 양손 가득 고운 모래를 쥐고,

여인들은 따사로운 햇볕에 속살을 맡기고,

청년들은 짙푸른 바다로 쏜살같이 달려가겠지.

밴쿠버에 왔더니 이미 그런 공원이 있었다.

팍팍하고, 무정하며, 난폭한 도시에서

여유롭고, 다정하며, 포근한 쉼터가 되어주는,

이곳은 스탠리 파크.

14

루트비히 모놀로그

독일 ♠ 퓌센
Germany, Pussen

나는 루트비히 2세Ludwig II. 바이에른의 왕입니다. 사실
나라를 다스리는 일엔 그다지 관심이 없어요. 제가
좋아하는 건 아름다운 음악과 이야기, 그리고 성을 짓는
일입니다. 어느 날 바그너의 오페라 「로엔그린Lohengrin」을
보게 됐어요. 저는 이 이야기에 흠뻑 빠졌습니다. 잠깐
로엔그린 이야기를 들려 드리겠습니다.

10세기 초 브라반트 공국. 어느 날 영주가 죽었습니다.
그에겐 뒤를 이을 자녀가 둘 있었어요. 딸 엘자와 아들
고트프리트. 그런데 동생 고트프리트가 돌연 사라집니다.
이때 프리드리히 백작이 사람들 앞에 나타나 엘자가
상속인이 되기 위해 동생을 죽였다고 고소를 하죠.

사실 프리드리히는 공국을 지배하려는 탐욕에 빠진 야심가였어요. 그의 아내가 마법을 사용해 고트프리트를 백조로 만들어 버렸으므로, 엘자마저 없애버리면 공국이 그의 차지가 될 거라고 생각했죠. 재판을 맡은 국왕 하인리히는 이 심판을 하늘에 맡기겠다고 했어요. 엘자와 프리드리히의 결투라는 방식으로 말이죠. 결투의 날은 다가오는데 엘자를 대신해 싸워줄 기사가 나타나지 않는 겁니다. 엘자는 꿈속에서 보았던 기사에게 도움을 청했고, 다음 날 기사가 백조를 타고 그녀 앞에 나타났어요. 그는 자신이 결투에서 이기면 엘자와 결혼을 하겠다고 했죠. 단, 자신이 누구인지 절대 묻지 말아달라고 당부했어요. 결국 기사는 결투에서 승리했습니다. 하지만 프리드리히가 이들을 가만둘 리 없었어요. 그는 엘자에게 끊임없이 기사에 대한 의혹을 불어넣었고, 마침내 결혼식을 치른 엘자는 첫날밤, 기사에게 금지된 것에 대해 묻고 맙니다. 기사는 엘자를 바라보며 "나는 성배를 지키는 기사 로엔그린입니다"라고 말한 뒤 엘자를 떠나 버립니다. 백조가 되었던 동생 고트프리트를 다시 돌려주고서요.

나는 로엔그린에 완전히 매료됐어요. 마법에 걸려
백조가 된 왕자가 나 자신 같기도 했고, 아름다운
것들을 지켜주는 성배의 기사가 되고 싶기도 했습니다.
성을 짓기 시작했어요. 제 모든 걸 쏟아 부었지요.
성의 이름은 '새로운 백조의 성'이라는 뜻을 가진
노이슈반슈타인Neuschwanstein으로 지었어요. 성이
완성되기까지 17년이 걸렸어요. 그렇게 오래 걸릴 줄은
몰랐습니다. 그동안 왕실 재정도 악화됐어요. 이 점은
나도 미안하게 생각합니다. 하지만 완성된 성을 보면
당신도 나를 이해할 수 있을 거예요. 푸르게 물든 전원을
노니는 아름다운 백조 한 마리. 노이슈반슈타인은
압도적인 아름다움 그 자체이니까요.

15

Just in time

프랑스 ✦ 파리
France, Paris

'오늘 5:30 pm. 저자와의 대화.
제시 윌리스의 『This Time』. 셰익스피어 서점.'

유럽을 여행하던 제시와 셀린은 빈에서 하룻밤의
꿈같은 사랑을 나눈다. "6개월 후 9번 플랫폼에서
만나자"던 그들이 재회한 것은 그로부터 9년 뒤, 파리의
셰익스피어앤컴퍼니 서점에서였다. 셀린과의 만남을
소설에 담은 제시는 파리에서 저자와의 만남을 열고, 그런
제시 앞에 셀린이 찾아온다. 해가 질 때까지 시간을 함께
보내는 두 사람. 카페, 공원, 유람선과 그녀의 집까지, 둘은
싱그러운 파리 곳곳을 거닐며 가슴 속 깊이 묻어두었던

감정을 조금씩 풀어낸다.

영화 「비포 선셋」을 보며 파리에 대한 로망을 키우던
나는 어느 해 크리스마스를 파리에서 보내기로 했다.
때마침 파리엔 함박눈이 펑펑 내렸다. 베르사유 궁전의
나무들에 눈꽃이 열렸다. 파란 겨울 하늘 아래 사크레
쾨르 성당은 순백으로 빛났고, 노트르담 성당의 가고일은
눈으로 지은 망토를 덮고 있었다. 크리스마스 장식으로
빨갛게 물든 샹젤리제엔 산타 차림의 사람들이 털모자와
벙어리장갑을 팔고, 거리 한 귀퉁이에선 바싹 마른 장작에
꿰인 넓적한 연어가 타닥타닥 소리를 내며 익어갔다. 나는
한 손엔 뱅쇼를 들고 다른 손으론 준의 손을 잡고, 셀린과
제시처럼 파리의 거리를 걸었다. 영화 속에서 흐르던 니나
시몬의 '저스트 인 타임Just in time'을 흥얼거리면서.

　　때 맞춰 나를 찾았군요. 때 맞춰.
　　당신이 오기 전에 내 시간은 바닥을 드러내고 있었어요.
　　길을 잃은 채 질 운명의 주사위 게임을 하고 있었지요.
　　모든 다리를 건넜지만 갈 곳이 없었어요.
　　이제 당신이 여기 있으니 내 갈 곳을 알겠네요.

이 길에 더 이상의 의심이나 두려움은 없어요.

때 맞춰 나를 찾았군요. 때 맞춰.

＊'저스트 인 타임'의 가사

16

파타고니아 라이프

칠레 ♠ 토레스델파이네

Chile, Torres del Paine

푸에르토나탈레스에 도착했다. 날이 흐리고 바람이 몹시
불었다. 호스텔 직원에게 일주일 동안의 날씨를 물으니
"이곳의 날씨는 누구도 알 수 없어요. 그래도 일기예보에
따르면 내일부터 며칠간 맑았다가 그 이후로는 비가
내리고 추워질 거예요"란다. 서둘러 트레킹 준비를 했다.
텐트, 침낭, 코펠을 빌리고 슈퍼마켓에 가서 3일 동안 먹을
식량을 준비했다. 비가 오면 금세 앞코가 젖어오는 신발을
벗고 짱짱한 등산화도 마련했다. 모든 준비가 끝났다.
나는 내일 파타고니아의 야생으로 들어간다.

히말라야에서 짐 지고 가는 노새를 보고 박범신은
울었다고 했다.
어머니! 평생 짐을 지고 고달프게 살았던 어머니 생각이
나서 울었다고 했다.
그때부터 나는 박범신을 다르게 보게 되었다.
아아. 저게 바로 토종이구나.

오늘은 내가 태어난 날. 내게 삶을 주신 엄마를 떠올리며
파타고니아의 노새가 돼보기로 했다. 파타고니아는
거칠었다. 자갈과 흙이 뒤엉킨 길을 묵묵히 걸었다.
바람에 날린 흙먼지가 눈알에 달라붙어 거슬거슬했다.
오르막길이 끝나자 바람 계곡이 이어졌다. 거센 바람에
몸이 휘청거렸다. 옆은 천 길 낭떠러지. 정신을 똑바로
차리고 바람에 맞섰으나 바람이 나를 밀어내 두 걸음에
겨우 한 발씩 앞으로 나아갈 수 있었다. 눈을 감은 것도
뜬 것도 아닌 상태로 계속 걸었다. 산호처럼 하얗게
말라비틀어진 고목 숲을 지나고, 발이 푹푹 빠지는 모래
등성이를 올랐다. 그제야 파이네의 탑들이 장엄한 제
모습을 드러냈다.

눈*조차 머물 수 없을 정도로 거칠게 솟은 세 개의 탑.
천만 년 전 만들어진 봉우리들에 완전히 압도돼 있는 내
옆에서 준이 부산스럽게 움직였다. 탑이 바라보이는 너른
바위에 자리를 잡고는 나를 불러 앉혔다. 준이 불러주는
생일 축하 노래를 들으며 산을 오르듯 삶을 살아야겠다고
생각했다. 비를 막아줄 옷 한 벌과 한 끼 식사만 넣은
가벼운 배낭을 메고 이곳에 오른 것처럼, 많이 가지려
하지 말고 작은 것에 만족하며 살아야겠다고.

♠ 박경리, 『버리고 갈 것만 남아서 참 홀가분하다』, 마로니에북스, 2008

17

하얀 마을과 그리스 여인

그리스 ● 산토리니
Greece, Santorini

산토리니에서 아테네로 향하는 밤배에 올랐다.
여름이었지만 소금기 머금은 바닷바람이 꽤 차갑게
느껴졌다. 습기가 밴 얇은 카디건이 살갗에 달라붙어
기분이 좋지 않았다. 배 안에서 하룻밤을 보낸다는 생각에
마음이 편치 않았던 걸까. 배에 오른 사람들은 모두
무표정한 얼굴로 잠을 청하기 좋은 곳에 자리를 깔았다.
내 옆으로 자리를 펴고 있는 한 그리스 여인이 보였다.
짧은 팔의 티셔츠와 발목까지 내려오는 치마는 그녀의
몸을 있는 그대로 드러내주고 있었다. 마른 몸도 뚱뚱한
몸도 아니었다. 무언가에 단련이 된 적당히 살집이 있는
몸. 문득 카잔차키스가 『그리스인 조르바』에서 묘사했던
그리스 아낙들의 모습이 떠올랐다. 풀 한 포기 자라는

것도 쉽지 않은 척박한 땅에서 어떻게든 살아내야 했던
강인한 여인들. 누군가의 죽음 앞에서도 살아남은 자들의
삶을 먼저 챙겨야만 했던 억척스런 사람들.

이따금 곡소리가 끊어지면서 싸우는 듯한 고함 소리,
찬장이 덜컹거리는 소리, 트렁크가 열리고 닫히는 소리,
서로 잡고 드잡이를 하고 있는 듯 쿠당탕거리는 소리도
들려왔다. …… 두 여자는 만가를 부르며 시신이 누운
방을 이리저리 뛰어다니며 구석을 뒤졌다. 찬장을 열자
조그만 숟가락 몇 개, 설탕, 커피 한 통, 로쿰 한 상자가
나왔다. 레니오 할미는 찬장으로 목을 쑤셔 넣고 커피와
로쿰을 차지했다. 말라마테니아 노파는 설탕과 숟가락을
차지했다. 그러고도 성이 안 차는지 말라마테니아는
로쿰 두 개를 집어 입 안에 처넣었다.

산토리니에서 지낸 시간들을 떠올렸다. 짙푸른 바다
위에 반달처럼 떠오른 섬 하나. 그곳에 파란색 지붕과
하얀 벽채를 지닌 집들이 들어서 있다. 뜨거운 태양 아래
눈부시게 빛나는 골목엔 저마다의 아름다움을 사진에
담는 사람들로 붐볐다. 나도 다르지 않았다. 강렬한
태양과 흰색과 파란색의 대비에 눈과 마음이 홀렸다.

그 사이 난 무언가를 잊고 있었다. 화산섬에 지어진
산토리니의 바탕은 매우 척박하다는 것. 바다 위에
홀로 떠 있는 섬에 길을 내고 집을 짓고 페인트칠을 한
사람들은 누구였을까. 고작해야 허리춤까지 자라는 억센
나무들만 살아남는 메마른 땅. 바다로 이어지는 길마다
거친 토사가 붉게 깔려 있던 곳. 그 순간, 희고 파랗게
분칠을 한 산토리니가 왠지 그리스 여인의 삶과 닮았다는
생각이 들었다.

🍃 니코스 카잔차키스, 『그리스인 조르바』, 이윤기 옮김, 열린책들, 2009

18

헤밍웨이와 바다

쿠바 ♠ 아바나
Cuba, Havana

"그는 위대한 낚시꾼, 사냥꾼 그리고 작가였어요."

헤밍웨이의 집을 보고 있는 내게 직원이 말을 건넸다.
그의 말처럼 집안엔 온통 책과 박제한 동물의
머리뿐이었다. 아바나 핀카 비히아에 있는 '망루 농장'은
아바나 시내와 바다가 내려다보이는 곳에 있었다. 꽃나무
과일나무가 우거진, 높은 곳에 지어진 집. 청량한 바람이
한쪽 창에서 들어와 집안 곳곳에 서늘한 기운을 남기고
다른 쪽 창으로 빠져나갔다.

헤밍웨이가 아바나를 찾은 건 1932년. 2주 일정으로
낚시 여행을 왔던 그는 아바나에 매료돼 여행 기간을 두
달로 늘렸고, 결국 이곳에 짐을 풀고 20여 년을 보냈다.
그는 글 쓰기 좋은 아바나의 기후를 사랑했다. 매일 이른
아침 망루의 맨 꼭대기 층으로 올라가 망원경으로 아바나
시내를 내려다보며 글을 썼다.

> "당신은 사람들에게 쿠바에 사는 이유에 대해 이렇게
> 말할 수 있습니다. 당신이 글을 써 보았던 세상 다른 어떤
> 곳만큼이나 그곳의 서늘한 이른 아침이 글쓰기에 좋기
> 때문이라고 말이지요."

집필을 마친 헤밍웨이는 필라 호를 몰고 바다로 나가
낚시를 즐겼다. 뜨거운 적도의 태양이 이글거리는 한낮.
새파란 카리브해에서 강한 생명력으로 움칠거리는
청새치들과 시간을 보내고 아바나 시내로 돌아왔다.
그에게는 새치들의 에너지를 다독거릴 다이키리Daiquiri가
필요했다.

그가 즐겨 찾던 바인 플로리디타 구석에 자리를 잡고
앉아 더블 다이키리를 주문했다. 헤밍웨이가 항상
더블로 시켜서 '파파 도블레Papa Doble'라는 별명이 붙은 이
칵테일은 쿠바 럼에 라임과 설탕이 들어가 새콤달콤했다.
헤밍웨이의 소설 『노인과 바다』 같은 맛이 났다. 노인이
과거를 회상하며 단꿈을 꾸듯이, 달게 한 모금. 청새치와
사투를 벌이다 낚싯줄에 손을 베었을 때처럼, 시큼하게
한 모금. 그렇게 홀짝홀짝 마시다 취해버렸다. 출렁이는
배 위에 오른 기분으로 플로리디타를 나오다 헤밍웨이
조각상을 향해 찡긋 윙크를 날렸다. 이곳에 오니 당신의
이야기가 가슴으로 느껴져서 정말 좋다고 생각하면서.

⬥ 힐러리 헤밍웨이, 칼린 브레넌, 『쿠바의 헤밍웨이』, 황정아 옮김,
media2.0, 2006

19

옴브레? 옴브로! hombre & hombro!

멕시코 ♠ 모렐리아

Mexico, Morelia

한국을 떠난 지 1년 만에 머리를 자르러 갔다. 동네에 있는
아주 작고 허름한 미용실이었다. 높이 조절이 안 되는
의자 두 개와 세면대 한 개가 놓여 있었다. 일단 의자에
앉았다. 서툰 스페인어로 어떻게 설명해야 할지 몰라 잔뜩
긴장한 채 말했다.

"아스따 옴브레, 뽀르 빠보르 Hasta hombre, por favor."

내 한 마디에 미용실에 있던 모든 사람들이 폭소를
터뜨렸다. 나는 벙벙한 표정으로 거울 속에 비친 사람들이
파안대소하는 모습을 바라봤다. 긴장이 스르르 풀리고
뻣뻣했던 자세가 느슨해졌다.

"왜 웃어요?"

"남자 옴브레까지 잘라달라고?"

"아, 아뇨. 어깨 옴브로까지만요……."

'옴브레'와 '옴브로'를 두고 유쾌한 수다가 이어지는
가운데 머리 자르기가 시작됐다. 아주머니는 가르마를
제대로 가르지도 않은 채 바로 머리를 스윽스윽 잘라냈다.
전화벨이 울리자 수화기를 어깨와 귀 사이에 끼운 채로
가위질을 하고, 머리를 자르는 중간에 콜라에 빨대를 꽂아
쪽쪽 마시는가 하면, 단골손님이 오자 그 사람에게로 가서
볼 키스 인사를 건네기도 했다. 내 머리가 어떻게 나올
것인지 점점 더 불안해졌다.

"자, 다 됐어. 100페소야."

멀찍감치 서서 거울 속 내 모습을 봤다. 웬 낯선 이가 나를
따라 이리저리 움직였다. 머리는 어깨 위로 껑충 올라와
있었다.

'아……. 어깨까지 잘라 달랬더니 남자처럼
잘라놨잖아.'

20

장밋빛 페트라

요르단 ♠ 페트라
Jordan, Petra

와디무사 사막 한가운데. 거대한 암벽 사이로 난 좁은
틈을 따라 걸었다. 양 옆으론 깎아지른 붉은 절벽. 길은
좁아졌다 넓어졌다를 반복하며 이어졌다. 타들어가는
입술과 끝을 알 수 없는 길에 대한 두려움에 지칠 즈음
바람에 유향 냄새가 실려 오는 것 같았다. 밝은 빛이
쏟아져 나오는 틈 사이로 분홍빛 알카즈네가 보였다. 거친
바위를 부드럽게 다듬고 깎아 만든 왕의 무덤. 기원전
6세기 나바테아 인들이 살던 고대 도시 페트라다.

그들은 건조한 사막 지대에 한 줄기 물을 끌어들여
도시를 만들었다. 신전에서 예배를 드리고 극장에서
유희를 즐겼다. 유목민이자 상인이었던 나바테아 인들은

아라비아 사막의 유향 나무에서 기름을 뽑아내 기자와
알렉산드리아, 그리스와 로마까지 가져갔다. 종교 의식에
사용되는 유향은 비싸게 팔렸고 도시는 점점 커졌다.

세월이 흘러 협곡에 만들어진 고대 도시는 사막의 모래
바람에 묻혔고 수천 년 동안 사람들의 기억 속에서
사라졌다. 그곳을 다시 발견한 건 스위스의 탐험가 요한
부르크하르트. 다마스쿠스에서 카이로로 가는 길이었다.
마을 사람으로부터 가까운 곳에 잃어버린 고대 도시가
있다는 이야기를 듣고 사막 한가운데로 들어갔다. 그리고
1킬로미터가 넘는 좁은 길 시크Siq를 걸어 마침내 잊힌
도시 페트라를 발견했다.

마치 내가 고대 유적 페트라를 발견한 부르크하르트인
양 상상에 잠겨 있을 때 눈앞으로 불쑥, 고운 분홍빛 흙
한 줌을 쥔 손이 다가왔다. 함께 여행하고 있던 친구
신야였다.

　　"이 흙을 조금 가져갈 거야."
　　"뭐 하려고?"

"신비로운 고대 도시 이야기를 들려주면서, 이 흙이
담긴 유리병을 주면 여자들이 좋아할 것 같아서."

'이 녀석, 타고난 바람둥이일세'라고 생각은 하면서도
입꼬리가 슬며시 올라가는 것을 막을 수는 없었다.

21

베네치아와 이별한다는 것

이탈리아 ♠ 베네치아
Italy, Venezia

하룻밤 사이에 이루 비길 데가 없는, 동화처럼 일탈적인
곳에 가기를 원한다면 어디로 가야 할 것인가?

야간열차를 타고 베네치아에 도착했다. 새벽의
베네치아는 고요했다. 말뚝에 묶어놓은 곤돌라만이
출렁이는 운하 위에서 춤을 추고 있었다. 호텔에 짐을
풀고 한잠을 자다가 시끌벅적한 소리에 눈을 떴다. 나른한
햇살이 창을 통해 들어왔다. 창가에 서서 밖을 내다보니
이곳이 그토록 염원하던 베네치아라는 사실이 실감 나
당장 거리로 뛰쳐나가고 싶어졌다.

산마르코 대성당 종탑에 올라 우아한 베네치아를
내려다보고, 볕이 잘 드는 광장에 앉아 커피를 마셨다.
리도 섬에서 해수욕을 하고, 소금기 가득한 피자로 배를
채웠다. 무라노 섬으로 가 밤하늘의 은하수를 담은
유리알 펜던트를 샀다. 산 조르지오 마조레 섬에서
비잔틴과 오리엔트 풍의 건축물들도 감상했다. 그리고
베네치아를 떠나던 날, 곤돌라를 타고 운하 곳곳을
떠다니며 베네치아에게 작별 인사를 했다. 나는 그제야
『베네치아에서의 죽음』에서 베네치아와 이별하는
아셴바흐의 마음을 이해할 수 있었다.

    아셴바흐는 팔을 난간에 기대고 뱃머리의 둥근 벤치에
    앉아 손으로 눈을 가리고 있었다. 공원들은 뒤로 물러나
    있었고, 작은 광장들은 당당하고도 우아하게 또 한 번
    펼쳐졌다가 멀어졌다. 그리고 줄지어 늘어선 궁전들이
    나왔고, 수로의 방향이 바뀌자 리알토 다리의 화려하기
    그지없는 대리석 아치가 나타났다. 이런 것들을
    바라보는 여행객의 마음은 찢어질 것 같았다. ……
    그가 그토록 견디기 힘들어한 것은, 그러니까 때때로
    완전히 참을 수 없다고 느낀 것은 분명히 자신이 다시는

베네치아를 볼 수 없을 것이며, 이것이 영원한 이별이 될지도 모른다는 생각 때문이었다.

🔺 토마스 만, 『베네치아에서의 죽음』, 홍성광 옮김, 열린책들, 2009

22

비글과 바라쿠다

아르헨티나 ♠ 우수아이아
Argentina, Ushuaia

우수아이아에 온 이유는 단 하나. 이곳이 아메리카 대륙의
끝이기 때문이었다. 딱히 하고 싶은 일도 없었다. 동네
이곳저곳을 기웃거리며 돌아다녔다. 눈발이 날리면
호스텔로 돌아와 따뜻한 차 한 잔으로 몸을 데우고,
호스텔에 있는 강아지 세 마리와 마당을 뛰어다니며
시간을 보냈다. 그런 내가 이상해 보였던 걸까. 호스텔
주인아저씨가 말을 걸었다.

"우수아이아까지 와서 왜 바라쿠다Barracuda를 타지
않는 거야?"
"바라쿠다? 그게 뭔데요?"
"항구로 나가보면 알게 될 거야."

바라쿠다는 비글 해협을 오가는 배의 이름이었다. 50년
전 라플라타 강을 따라 아르헨티나와 우루과이를 오가던
여객선이 이제는 퇴물이 되어 우수아이아까지 내려온
것이다. 바라쿠다를 타고 비글 해협을 탐험하기로 했다.
다윈이 비글호를 탔던 것처럼.

항구로 나갔다. 수많은 배들이 정박해 있었는데 그중에서
바라쿠다를 찾는 일은 어렵지 않았다. 채도가 높은
파란색으로 애써 밝게 칠을 했지만 작은 몸집과 낡은
기운까지 감출 수는 없었다. 의외로 내부는 그럴싸했다.
겨자색 커튼이 드리워진 창, 진녹색 천을 덮어놓은
테이블, 탐험지도로 장식된 노란 불빛의 전등. 해협을
탐험하기에 충분한 분위기였다. 바라쿠다를 타고 해협을
떠다니며 바다표범과 가마우지를 만났다. 넓은 바다
가운데 홀로 떠 있는 등대까지 갔다가 돌아오는 길,
갑판에 올라 해협을 바라봤다. 백여 년 전, 비글 해협을
탐험했던 다윈이 그의 항해기에서 묘사한 풍경을 나도
똑같이 보고 있다고 생각하니 묘한 기분이 들었다.

　　아침 일찍 비글 해협이 두 갈래로 나누어지는 곳까지
　　와서 북쪽 수로로 들어갔다. 여기에서는 경치가 전보다

더 장려해진다. …… 산꼭대기는 만년설로 덮였고,
수많은 폭포가 숲을 지나 아래에 있는 좁은 해협으로
떨어진다. 곳곳에서 멋진 빙하들이 산에서 발원하여
해변으로 내려온다. 이 빙하들의 녹주석 같은 파란
색깔보다 더 아름다운 것은 상상하기 힘들다. 위에 있는
새하얀 눈과 대비되어 더욱 아름답다. 빙하에서 떨어진
얼음 조각들이 물 위에 떠 있어, 얼음이 떠다니는 1마일
정도의 해협이 마치 작은 북극해처럼 보였다.

그렇게 며칠을 더 머물렀다. 별로 하는 일도 없이.
비현실적인 우수아이아 풍경 때문이었을까. 이유는
잘 모르겠지만, 그곳에서 보낸 시간들은 손에 잡히지
않는 모래 알갱이 같았다. 마치 긴 꿈을 꾼 것도 같았다.
그곳에서 찍은 사진들만이 내가 그날 그곳에 있었다는 걸
증명해줄 뿐인, 그런 꿈.

♣ 찰스 로버트 다윈, 『다윈의 비글호 항해기』, 장순근 옮김, 가람기획, 2006

23

달의 계곡

칠레 ♠ 산페드로데아타카마

Chile, San Pedro de Atacama

협곡을 걷는다.

바람이 분다.

바람의 결 따라 춤을 추는 황토빛 절벽.

손으로 쓰다듬자

소금기 머금은 모래 알갱이가 하늘로 날아오른다.

모래바람을 따라 여정을 멈춘 곳은

기이한 사막 지대.

너른 벌판 같은 이곳은 달의 어디쯤일까.

보이는 것은 모두 거친 바위와 모래뿐.

걷는다.

흙먼지 일으키며.

오른다.

바람의 사면을.

한줌의 햇빛에 바람의 피조물이 반짝이다가

곧 붉게 물든다.

사막에 어둠이 내린다.

까만 하늘에 총총히 박힌 별들이

나를 우주의 세계로 안내한다.

낮이어도 밤이어도 신비로운 곳,

달의 계곡 Valle de la Luna.

길 위의 아속

인도 ▲ 카주라호
India, Khajurāho

20여 개의 힌두 사원이 모여 있는 카주라호. 붉은
사암에 섬세한 부조가 수놓아진 카주라호의 사원들은
힌두교를 믿는 이들에게 순례지로 유명하다. 하지만 일반
여행자들은 다른 이유로 이곳을 찾는다. 바로 사원 내에
있는 관능적이고 에로틱한 부조를 예술이라는 이름 아래
마음껏 감상할 수 있다는 점이다. 나는 며칠을 머물며
카주라호의 사원들을 천천히 둘러봤다. 동쪽에 있는
사원군을 둘러보고 나오는 길, 한 꼬마가 다가와 말을
걸었다.

　"어디 가요?"
　"하누만 사원."

"거기는 오늘 문 닫았어요. 다른 사원으로 가요. 내가 안내할게요. 내 이름은 아쇽이에요."

너무 어려 보여서 경계심이 풀어졌던 걸까. 나도 모르게 아쇽을 따라가고 있었다. 아쇽이 안내한 사원은 구시가에 있었다. 대충 지어놓은 낮은 집들이 드문드문 이어졌다. 무더운 여름, 전기가 끊겨 냉장고가 돌아가지 않는 작은 가게에선 미지근한 탄산음료를 팔고 있었다. 아쇽은 혼자서 끊임없이 말을 했다.

"이 마을에 지어진 집들은 문이 다 작아요. 왜 그런 줄 알아요? 사람들이 작아서 그래요."
"집 앞에 쓰여 있는 글자는 다른 마을에서 시집 온 여자들 이름이에요. 이 사람들은 1년 동안 집 밖으로 나올 수 없어요. 종교 때문에요. 그래서 창문으로만 바깥세상을 구경할 수 있어요."
"치약이 없을 땐 이를 어떻게 닦는 줄 알아요? 여기, 이 나뭇잎을 따서 닦으면 돼요."
"하누만이 왜 빨간 줄 알아요? 어렸을 때 먹을 게 없어서 정말 배가 고팠거든요. 그런데 해 질 녘에 해가 땅으로 떨어지는데 그게 먹을 건 줄 알고 삼켜서 몸이 빨개졌대요."

허무맹랑한 이야기도 있었지만 그런대로 재미있었다.
호스텔에 도착하자 아쇽이 자연스럽게 손을 내밀었다.
팁으로 몇 십 루피를 쥐어 줬다. 그런데 돈을 받고도 손을
계속 내밀고 있는 게 아닌가? 얼마를 더 얹어주니 그제야
작별인사를 했다. 열두 살 아쇽은 그렇게 돈을 벌고
있었다.

카주라호 근처에 불가촉천민이라 불리는 달리트 마을이
있다고 들었지만 아쇽이 달리트의 아이인지 궁금하지
않았다. 다만 시바와 비슈누를 비롯한 힌두교 신들에게
묻고 싶었다. 당신들에게 바쳐진 수십 여 개의 사원이
모여 있는 이곳에서조차 어린 아이들이 학교에 가는 대신
길에서 돈을 벌어야 한다면, 도대체 당신들은 누구를
지켜주고 있는 신이냐고.

사막을 건너는 법

볼리비아 ♠ 우유니
Bolivia, Uyuni

"안녕. 우리는 한국에서 온 준과 안이야."
"우리는 아르헨티나에서 왔어. 내 이름은 안쉬, 얘는
아리엘."
"안녕. 나는 호주에서 온 그렉이야."
"뉴욕에서 온 줄리아야."
"나는 영국에서 온 웨인, 영어를 가르치면서 세계를
돌아다니고 있어. 그러고 보니 우리, 아프리카를 뺀
모든 대륙에서 왔네."

운전기사 로만은 우리를 태우고 사막으로 달렸다. 우유니
소금 사막에 내려 점심을 먹고 물고기 섬에 올랐다.
뜨거운 태양 아래 바싹 마른 소금이 눈부시게 빛났다.

육각형 모양으로 결집된 소금 결정들을 따라 걸었다.
거리에 쌓인 함박눈을 밟을 때처럼 뽀드득뽀드득 소리가
났다. 사막의 끝은 보이지 않았다. 땅은 하얗고 하늘은
파랬다. 그것이 하늘과 땅의 경계를 알려주는 유일한
지표였다.

다시 차를 달려 허름한 호스텔에 도착했다. 밤이 되니
기온이 낮아졌다. 따뜻한 수프로 속을 달래고 노릇하게
구워진 닭다리를 하나 집으려는데 배가 따끔거렸다.
허기진 탓일 거라 생각했지만 내 예상과 다르게 통증은
점점 더 심해졌다. 사막에 밤이 왔다. 병원도 약국도
없는 사막 한가운데서 배는 점점 더 아파왔다. 마치 장을
쥐어짜서 즙이라도 내려는 것 같았다. 장염이었다. 눈
한 번 붙이지 못하고 밤을 보냈다. 볼리비아의 도시로
돌아갈지, 이대로 투어를 계속해서 칠레로 넘어갈지
선택해야 했다. 아침이 되자 통증이 조금 가라앉았다.
안쉬가 카모마일 차를 내밀며 장에 좋으니 마시라고 했다.
그렉은 설사약을 주며 일단 속을 비우라고 했다. 나는
그들을 믿고 계속 가보기로 했다.

우리는 우유니 사막을 가로지르며 여러 개의 호수에
들렀다. 소금이 녹은 듯 녹지 않은 듯, 묘한 분위기를
자아내는 호수였다. 붉은 홍학 무리가 파란 호수에 발을
담근 모습이 선명하게 대비되는 색으로 그려낸 풍경화
같았다. 모래사막을 지날 땐 사막의 거센 바람이 만들어낸
기암도 볼 수 있었다. 나무 모양의 바위 '아르볼'을 보고
클라이밍을 좋아하는 준이 바위를 오르기 시작했다. 바위
정상에 올라 바람을 맞고 있는 준의 모습을 보며 안데스
바위 절벽에 사는 콘도르를 떠올렸다.

이틀 동안 물과 수프 외에는 아무것도 먹지 못해 입은
바싹 마르고 몸은 축 늘어졌다. 그럼에도 나는 사막을
건너는 동안 즐거웠다. 그들과 함께 먹고 마시진
못했지만, 차가운 바람을 맞으며 사막의 밤하늘을
올려다보지도 못했지만, 그럼에도 행복했다. 황량한
사막을 함께 건너 준 이들이 있었다는 것만으로도,
충분히.

26

모든 게 파랑

크로아티아 ♠ 플리트비체 호수 국립공원
Croatia, Plitvice Lakes National Park

숲과 호수 사이로 난 나무 길을 따라 종일 걸었다. 주변은
고요했다. 물소리, 바람소리, 새소리만 들려왔다. 바람에
실려 온 홀씨를 입으로 후- 불기도 하고, 지느러미를
차는 물고기를 보면서 느리게 걸었다. 얼마쯤 걸었을까,
절벽에 다다라 있었다. 그곳에 앉아 계곡을 내려다봤다.
올록볼록한 브로콜리 모양의 숲 사이로 여신의 머리칼
같은 폭포수가 흘러내린다. 수십 개의 폭포가 이리저리
갈라지고 합쳐져 계단식 호수를 만들어낸다. 포근하게
내리쬐는 햇살에 호수가 저마다의 색을 발한다.

아쿠아마린 aquamarine

시안 cyan

허니듀honeydew

스카이블루skyblue

스틸블루steelblue

터콰이즈turquoise

슬레이트블루slateblue

콘플라워블루cornflowerblue

미드나이트블루midnightblue

카뎃블루cadetblue

로열블루royalblue

파우더블루powderblue

네이비navy

……

이곳은 세상의 모든 파란 빛깔을 가져다 풀어놓은 곳,
플리트비체.

27

인류 최후의 보루

미국 ◆ 뉴욕

United States of America, New York

급작스런 지구 온난화로 남극과 북극의 빙하가
녹아내리자 세계 곳곳에서 이상 기후 현상이 일어난다.
우박이 떨어지고 비행기가 난기류에 휘말린다. 결국
해일이 밀어닥친 뉴욕에 빙하기가 찾아오자 모든 것이
얼어붙고 만다. 사람들은 안전한 도피처를 찾아 뉴욕
공공 도서관으로 다급하게 몰려든다. 책을 태워 체온을
유지하며 구조의 손길이 닿기만 기다린다.

뉴욕 공공 도서관은 영화 「투모로우」 속 모습
그대로였다. 해일이 무섭게 몰려왔던 쭉 뻗은 뉴욕의
도로. 도서관을 지키고 있는 사자 상. 영화 속 사서가
지키고자 했던 도서관의 보물 『구텐베르크 성경』.

반짝이는 샹들리에와 황금빛 전등으로 고풍스럽게
꾸며진 열람실까지. 나는 열람실 구석에 가 앉았다. 책을
읽고 있는 사람들의 얼굴을 바라보며 생각에 잠겼다.
영화 속에서 재난으로부터 사람들을 구해준 장소가 왜
도서관이었는지에 대해서.

만약 지구가 멸망하고 소수의 사람들만 살아남게
된다면, 문명을 재건할 힘을 얻을 수 있는 곳은 도서관이
아닐까. 도서관은 수천 년 동안 인류가 일궈온 모든 것이
담겨 있는 공간이니까. 밥을 줄 순 없지만 농사짓는
법을 알려줄 수 있고, 불을 줄 순 없지만 불 피우는 법을
알려줄 수 있고, 집을 줄 순 없지만 집 짓는 법을 알려줄
수 있으니까. '연령, 인종, 성별, 종교, 국적, 언어, 또는
사회적 신분에 관계없이 모든 사람들에 의하여 평등하게
이용되는♠' 공간이니까.

♠ 유네스코 공공도서관 선언

28

새파란 온 더 락

아르헨티나 ♠ 페리토모레노 빙하
Argentina, Perito Moreno Glacier

'우르르 쾅쾅'

천둥소리인가. 아니, 거대한 빙벽이 무너져 내리는
소리다. 여기는 페리토모레노. 부에노스아이레스 면적만
한 빙하가 있는 곳. 눈앞에 보이는 건 50미터 높이인데,
물 밑으론 그 세 배만 한 깊이의 빙하가 뻗어 있단다.
눈부시게 파란 얼음 덩어리를 보다가 그중 하나를 똑
떼어내 입속에 넣고 굴려보고 싶단 생각이 들었다. 신발에
아이젠을 두르고 빙하에 올랐다. 날카로운 스파이크가
얼음 깊숙이 박혀 내 몸을 지탱해줬다.

"올라갈 땐 오리처럼, 내려올 땐 펭귄처럼."

가이드 말에 따라 천천히 빙하 위를 걸었다. 하얀 눈밭
곳곳에 파란 구멍이 뚫려 있었다. 크레바스라 불리는
빙하 사이의 균열인데, 속이 어찌나 새파란지 그 안을
들여다보고 있는 내 눈마저 파랗게 물들어버릴 것 같았다.
파란빛에 홀려 구멍 안으로 빨려 들어가려는 순간, 멀리서
나를 부르는 소리가 들렸다. 고개를 돌려보니 가이드가
잔에 황금빛 위스키를 붓고 빙하 한 조각씩을 넣어 '온
더 락On the Rock'을 만들고 있었다. 한달음에 달려가 벌컥
들이킨 위스키. 그것은 천 년 동안 파타고니아의 햇살과
바람을 꽉꽉 눌러 담은 '빙하 맛'이었다.

29

어느 힌두의 죽음

인도 ♠ 바라나시
India, Varanasi

제 이름은 나딤입니다. 몇 개월 전 아버지 건강이 급격히
나빠지셨어요. 우리 가족은 짐을 싸서 바라나시로
이사했습니다. 아버지는 델리에서만 40년 넘게
사셨어요. 하지만 아프고 나서부터는 바라나시로 가고
싶어 하셨습니다. 할아버지, 할머니도 이곳에서 삶의
마지막을 보내셨어요. 모든 힌두에게 죽음을 맞이하는
최고의 장소가 바라나시이기 때문이죠. 바라나시는 죽은
이들에게 더 나은 내생을 주거나 해탈에 이르게 하는
신성한 장소입니다.

돌아가시기 얼마 전 저는 친지들을 불러 모아 아버지께
작별 인사를 건네게 했어요. 아버지의 죄를 씻어 내기

위해 사제 브라만과 어려운 이들에게 몇 가지 선물도
나눠줬습니다. 아버지의 사후 여행을 돕기 위해 암소를
마련해 선물하기도 했고요. 하지만 암소 선물을 받은
사람은 죽은 이의 죄까지 물려받게 된다는 믿음 때문에
선물 받을 사람을 구하기 어려웠죠. 상당한 금액의 돈도
함께 줘야 했습니다.

아버지는 평온하게 돌아가셨습니다. 이승을 떠나
다음 세계로 들어갈 수 있도록 옛 옷을 벗기고 새 옷을
입혔습니다. 자르지 않은 긴 천을 두르고 향기 나는
백단향 가루를 발랐어요. 꽃과 화환으로 장식도 하고,
얼굴과 머리엔 금가루도 조금 뿌렸습니다. 대나무로 만든
긴 틀 위에 시신을 올리고 화장터를 향해 떠났습니다.

갠지스 강의 가트Ghat는 사원을 참배하기 전 목욕 의례를
하는 사람들로 꽉 차 있었어요. 천상에서 내려온 정화력과
생명력을 지닌 물줄기, 삶을 정화시키고 생명을 불어넣어
주는 신성한 강, 갠지스. 저는 아버지의 몸을 강물에 적셔
장작더미에 올렸습니다. 아버지의 영혼이 안녕하길
기원하며 불을 붙였습니다. 불가촉천민인 돔이 시신이 잘
타도록 관리해 주었습니다. 불이 머리 부분에 이르렀을 때

저는 긴 대나무 장대로 아버지의 머리뼈를 깨뜨렸습니다.
그곳에 아직 남아 있을지 모르는 아버지의 영혼을
해방시켜 천상으로 보내드린 거죠. 완전히 소각되기까지
3~4시간쯤 걸린 것 같습니다. 화장을 마치고, 강에서
목욕을 한 뒤 집으로 돌아왔습니다.

이제 제겐 가장 중요한 슈라다Sraddha가 남았습니다.
아버지가 죽은 자들의 세계인 야마 왕국까지 안전하게
여행하실 수 있도록 도와드릴 겁니다. 요즘에는 다들 열흘
정도만 이 의례를 지키고 있지만 저는 경전에 쓰인 대로
1년간 지속할 계획입니다. 아버지가 그곳에서 조상을
만나고 새로운 몸을 만들려면 적어도 그 정도 기간은
걸릴 테니까요. 저도 삶의 마지막을 바라나시에서 보내고
싶어요. 그런 행운을 누릴 수 있었으면 좋겠습니다.

사그라다 파밀리아 성당을 부탁해요

스페인 ♠ 바르셀로나
Spain, Barcelona

달리와 피카소. 축구 혹은 누드비치. 바르셀로나를 찾는
이유는 저마다 다르겠지만 모두에게 한 가지 공통된
이유가 있다면 그것은 천재 건축가 가우디일 것이다. 이미
잘 알려진 사그라다 파밀리아 성당과 카사 밀라, 카사
바트요, 구엘 공원이 전부가 아니었다. 그가 지은 저택과
별장, 공원과 학교, 성당과 교회가 도시 곳곳에 들어서
바르셀로나를 구불구불한 곡선으로 잇고 있었다.

가우디는 말년에 모든 작업을 중단하고 오로지 한 가지
일에만 몰두했다. 예수 그리스도, 요셉, 마리아에게
봉헌하는 사그라다 파밀리아 성당을 짓는 일이었다.
카탈루냐의 자연과 가톨릭의 상징을 담아낸 성당이었다.

세 개의 파사드에 각각 예수의 탄생, 영광, 수난의 모습을
묘사하려던 그는 1926년 '탄생의 파사드'만 완성한 채
갑작스럽게 생을 마감했다. 미완성으로 남겨진 성당은
다른 건축가들에 의해 지금도 계속 지어지고 있다.

성당 둘레를 천천히 돌았다. 가까이 다가가기도 하고
멀리 물러나기도 하면서. 한 번도 상상해보지 못한
모습이었다. 동굴에서 흘러내린 종유석이 우연히 성당의
형태를 갖게 됐다거나 조물주가 찰흙을 뚝뚝 붙여 만든
것 같았다. 그것은 인간이 만들어낸 건축물이 아니라
신이 만들었다고밖에 볼 수 없는 모습이었다. 하지만 다른
건축가들이 지은 부분은 가우디의 것과 달랐다. 곡선이
사라진 자리에 직선이 들어서 딱딱하고 거친 느낌이
들었다. 나는 신성한 예수 탄생 파사드 앞에서 볼멘소리를
했다. 가우디의 아름다운 창조물이 조화를 잃고 타인의
손에서 우스꽝스럽게 변해가고 있다고. 안타까움이 실린
한탄이었다.

서울로 돌아와 시간이 한참 흐르고, 우연히 가우디의
기록을 읽다가 망치로 쾅 얻어맞은 듯 머리통이
얼얼해졌다. 사그라다 파밀리아 성당 앞에서 내뱉은

유치하고 무지한 말들을 주워 담고 싶은 수치심이 들었다.
그건 가우디가 삶을 마치기 얼마 전에 남긴 말이었다.

"나에게 점점 죽음의 그림자가 드리워지고 있다.
슬프게도 내 손으로 사그라다 파밀리아는 완성시키지
못할 것이다. 내 뒤를 이어서 완성시킬 사람들이 나타날
것이고 이러한 과정 속에서 교회는 장엄한 건축물로
탄생하리라. 타라고나 대성당의 예에서 보았듯이 처음
시작한 사람이 마지막 완성까지 보았다면 그만큼의
웅장함을 기대할 수 없었을 것이다. 시대와 함께 유능한
예술가들이 자신들의 작품을 남기고 사라져 갔다.
그렇게 해서 아름다움은 빛을 발한다."✤

가우디가 말한 대로, 사그라다 파밀리아 성당은 가우디
이후 수많은 예술가들의 혼이 더해져 더욱더 웅장하고
아름다운 성당으로 탄생해 가고 있었다. 내가 다시
성당을 찾게 된다면, 그땐 '가우디의 성당'이 아닌 진정한
'사그라다 파밀리아 성당'을 볼 수 있겠지.

✤ 안토니 가우디, 『가우디 공간의 환상』, 이종석 옮김, 다빈치, 2001

안나푸르나 사람들

네팔 ♠ 안나푸르나

Nepal, Annapurna

열하루 동안 히말라야를 걸었다. 하루 동안 걷는 시간은
길지 않았다. 서너 시간 걷고 나면 나머지는 롯지에서
차를 마시며 쉬었다. 때로는 흐리고 비가 흩뿌리기도
했지만 대부분의 날들은 맑았다. 능선을 걸었고 깊은
계곡을 오르내렸다. 개, 고양이, 소, 양, 닭 등 농가에서
기르는 온갖 동물들을 벗 삼아 걸었다. 엷은 산소 때문에
종종 두통이 느껴졌다. 그럴 때면 풍광 좋은 곳에 앉아
숨을 고르곤 했다.

눈을 돌릴 때마다 눈이 머무는 히말라야의 봉우리가
펼쳐졌다. 길옆에서는 바람에 사각거리는 대나무 숲,
누렇게 익은 계단식 논이 나를 따라 걸었다. 캄캄한 새벽,

하늘을 뒤덮은 별빛에 의지해 푼힐 전망대에 올랐다.
이제 막 떠오른 신선한 태양에 히말라야의 봉우리들이
살구빛으로 물들었다. 그리고 7일째, 안나푸르나
베이스캠프에 도착했다. 안나푸르나를 비롯한 수천
미터 높이의 하얀 봉우리들이 나를 360도로 둘러싸며
이어졌다. 경전의 글귀가 적힌 룽다와 타르초가 바람에
날리는 그곳에서 네팔 민요 '레섬 삐리리'를 들으며 나를
이곳에 오를 수 있게 한 사람들을 떠올렸다.

히말라야 산 속에서 길을 안내하고 트레커의 짐을 대신
지는 사람들. 그들은 '포터'라는 이름으로 불린다. 장비와
식량이 들어 있는 배낭을 메고 하루 5시간 이상을 걷는다.
포터에게 지울 수 있는 짐의 무게는 20킬로그램 이하로
정해져 있었지만 일부 트레커들은 깊은 산 속에서
사용하지도 않을 물건들을 넘치게 챙기곤 한다. 포터들은
롯지에 다다르면 트레커를 대신해 방을 잡고 음식을
주문한다. 저녁 8시, 손님들의 저녁 식사가 끝나고 나서야
롯지에 있는 모든 포터들이 함께 저녁을 먹는다. 그들이
먹는 것은 네팔의 전통 음식, 달밧. 달밧은 롯지에서
가장 싼 값에 허기를 채울 수 있는 음식이다. 이처럼
고된 일이지만 벌이가 좋아 네팔 각지에서 사람들이

몰려든다. 내 짐을 지어준 제이 역시 고향을 떠난 라이족
청년이었다.

바람이 거세진다. 룽다와 타르초가 찢어질 듯 펄럭인다.
'레섬 삐리리'의 노래 가락이 한층 고조된다. 이들은
언제쯤 히말라야 깊은 산 속에서의 고된 노동을 마치고
사랑하는 이들에게로 돌아갈 수 있을까.

> 내 마음이 바람 속 비단처럼 나부끼네요.
> 나는 날아갈지 언덕에 앉아 있을지 결정할 수 없어요.
> 우리 사랑은 교차로에서 대기 중이네요.
> 사슴을 겨눈 단발총과 쌍발총.
> 내가 겨눈 건 사슴이 아니라 내가 사랑하는 당신이에요.
> 당신의 마음이 나와 같다면 그때 오세요.
> 어린 송아지가 낭떠러지 위에 있어요.
> 나는 송아지를 두고 떠날 수 없어요.
> 우리 함께 머물러요, 내 사랑.⚞

32

러시안 마트료시카

러시아 ♠ 모스크바
Russia, Moscow

벌써 세 바퀴째. 모스크바의 이즈마일로보 시장을 돌고
돌았다. 시장엔 눈이 휘둥그레질 정도로 각양각색의
물건들이 가득했다. 알공예, 보석함과 같은 화려한
민예품부터 군복, 모자 등 구소련 시절을 떠올리게 하는
군용품, 매서운 러시아의 추위를 견디기 위한 털모자
샵카까지 그야말로 없는 게 없었다. 그중에서도 내 눈을
사로잡은 것은 러시아의 목각 인형 마트료시카matryoshka.

눈사람 모양의 마트료시카는 위아래가 나뉘어 있다.
양손으로 인형을 잡고 딸깍 열면 그 안에 또 하나의
인형이, 다시 그 인형을 딸깍 열면 그 안에 또 다른
인형이……. 하나의 마트료시카는 크기가 점점 작아지는

인형을 세 개에서 열 개까지 품고 있다.

시장을 도는 횟수가 거듭될수록 선택은 더 어려워졌다.
모양과 디자인이 매우 다양해 선뜻 하나를 고를 수
없었다. 몸매가 통통한 것만 있는 줄 알았더니 늘씬하게
잘 빠진 인형도 있었다. 여자아이만 있는 줄 알았더니
정치가나 문인 모양도 있었다. 수많은 마트료시카 중에서
결국 내가 고른 것은 러시아의 농가에서 자라나는 다섯
여자아이였다.

봄꽃이 내려앉은 두건 아래로 가지런히 내려뜨린 금빛
머리칼. 북극의 빙하를 닮은 회색빛 눈동자, 발그스레한
양 볼, 도톰한 입술을 지닌 동그란 얼굴. 거품처럼 풍성한
소매 사이로 앙증맞게 나와 있는 두 손엔 닭, 과일 바구니,
우유 단지가 들려 있다. 제법 처녀 태가 나는 큰 애부터
아직 두건도 쓰지 않은 어린아이까지, 내 품을 가득
채우는 다섯 아이들은 어여쁘고 어여쁘다.

33

신기루처럼 사라진 도시

시리아 ▲ 팔미라
Syria, Palmyra

오후 다섯 시. 사막의 태양은 여전히 뜨겁다. 이른 저녁을
먹기 위해 레스토랑으로 들어섰다. 웨이터가 팔미라
음식이라며 만사프를 권했다. 양젖 요구르트 소스로
요리한 양고기가 밥과 함께 나왔다. 식사를 마친 후
홍차를 마시며 느긋하게 해가 질 무렵을 기다렸다.

일몰 시간에 맞춰 성에 올랐다. 수천 년 전 사막을
지배했던 고대 도시는 황폐한 모습으로 내 앞에 펼쳐졌다.
무너져 내린 유적은 입체감이 없어 커다란 도화지에
그려진 한 장의 그림 같았다. 흙색 땅과 잿빛 하늘을 지닌
그곳에서, 나는 오래도록 사라진 도시를 바라봤다.

팔미라 인들은 샘물이 솟아나는 오아시스에 태양의
아들을 섬기는 신전을 짓고, 로마와 페르시아 문화를
담은 우아한 도시를 만들었다. 한때 팔미라는 시리아와
소아시아의 대부분을 지배했던 강력한 도시국가이기도
했다. 로마에 의해 멸망되기 전까지는.

팔미라를 다스린 마지막 통치자는 제노비아 여왕이었다.
그녀는 클레오파트라처럼 아름답고 당대의 남자
통치자들보다 용맹했으며 라틴어를 비롯한 여러
가지 언어에도 능수능란했다고 한다. 하지만 강대한
로마로부터 팔미라를 지켜내는 것은 그녀에게도 힘든
일이었다. 결국 그녀는 로마와의 전쟁에서 포로로 잡혔고
팔미라는 역사 속으로 사라졌다.

해가 떨어졌다. 하나둘 불이 켜지더니 삽시간에
돌덩이들이 붉게 타올랐다. 성에서 내려와 폐허 속으로
들어갔다. 하늘에 걸린 아치를 지나자 열주^{列柱}가
이어졌다. 말^馬처럼 달려온 바람이 무너져 내린 기둥
사이를 지날 때마다, 어디선가 제노비아 여왕의
울음소리가 들려오는 것만 같았다.

34

세상에서 가장 로맨틱한
스카이라운지

미국 ♦ 뉴욕
United States of America, New York

볼 때마다 나를 울리는 영화가 있다. 워렌 비티와 아네트
베닝이 연기한 「러브 어페어」.

은퇴한 풋볼 선수이자 플레이 보이인 마이크와 아름다운
여인 테리. 그들이 탄 비행기가 엔진 고장으로 조그만
섬에 비상 착륙한다. 둘은 아름다운 섬 타히티에서 시간을
함께 보낸 후 사랑에 빠지게 된다. 뉴욕으로 돌아오는
길, 그들은 신변을 정리하고 3개월 후 엠파이어스테이트
빌딩 전망대에서 만나기로 한다. 둘 중 누군가 나오지
않더라도 그 이유는 묻지 않기로 하고.

그들은 왜 하필 엠파이어스테이트빌딩 전망대에서
만나기로 했을까. 그게 궁금했다. 뉴욕에 도착하자마자
전망대로 달려갔다. 어슴푸레한 저녁. 도시 뒤로
구불구불한 강물이 흐르고 저 멀리 브루클린 다리와
자유의 여신상이 빛을 내고 있었다. 하늘을 향해 삐쭉삐쭉
솟아 있는 빌딩들에 하나둘 불이 켜지자, 하늘에서
금가루를 쏟아놓은 듯 도시 전체가 반짝거렸다. 그제야
알았다. 사랑을 속삭이기에 이곳보다 더 로맨틱한 장소는
없을 거라는 걸.

35

지도에는 없는 마을

중국 ♠ 리장
China, Lijiang

"이런 곳에 마을이 있네? 왜 아무도 없지?"

이사 가던 날, 치히로는 이상한 터널을 지나 신의 세계로
들어간다. 그곳에서 신들의 음식을 먹은 치히로의
부모님은 돼지로 변해버리고 홀로 남은 치히로는 마을에
갇힌다. 치히로는 강의 신 하쿠의 도움으로 유바바의
온천장에서 일하게 되는데, 그곳은 밤마다 정령과 귀신이
모여드는 환락의 장소다.

애니메이션 「센과 치히로의 행방불명」의 배경은 인간
세상에는 존재하지 않을 것 같은 아름다운 장소다.
마을을 감싸고 있는 푸른 산, 날렵한 기와가 층층이 얹힌

고풍스러운 집, 거리를 감고 흐르는 수로와 눈록색 잎을
내려뜨린 나무까지. 그곳은 중국 윈난성의 고원 도시
리장을 모델로 삼아 만들어졌다.

고도古都를 걷는다. 구불구불 미로처럼 얽혀 있는 리장의
거리. 길에서 파는 누런 지도 한 장을 산다. 붓을 획획
휘둘러 금세 그려낸 듯한 예스런 지도에는 뜻 모를 한자가
빼곡하게 적혀 있다. 지도를 접고 발길 닿는 대로 걷는다.
베틀에서 지어낸 실로 만든 스카프를 둘러보고, 청아한
소리를 내며 울려 퍼지는 종도 울려본다. 신들을 위해
차려놓은 듯한 각양각색의 음식을 탐하다가도, 고원의
햇살과 바람을 담은 차 한 잔으로 욕심을 씻어낸다.

그러다 길을 잃는다. 도시에 밤이 찾아온다. 집집마다
차례차례 노란불이 켜지고 산등성이까지 불이 번지자
도시 전체가 금빛으로 반짝인다. 잠에서 깬 정령들이
하나둘씩 유바바의 온천장으로 모여드는 듯한 신비로운
분위기. 여기는 영화 속 판타지가 그대로 재현되는 곳.

36

수피댄스, 신에게 이르는 길

이집트 ✤ 카이로
Egypt, Cairo

고요한 적막과 함께 밤이 찾아왔다.

숨소리밖에 들리지 않는 경건한 홀.

악사들이 저마다의 악기로 노래를 한다.

북을 두드리고 나팔을 불며 그들을 기다린다.

음악 소리가 한층 고조되자

눈부시게 하얀 옷을 차려입은 춤꾼들이 등장한다.

빙글빙글.

천천히 원을 그리며 돈다.

그러는 사이 겁(劫)의 시간이 흘렀다.

삼라만상의 색으로 치장한 듯,

화려한 복장의 춤꾼들이 더해진다.

하늘을 경배하듯 두 팔을 들고

땅에 경탄하듯 머리를 숙이고

빙글빙글.

신명나게 돈다.

물결치는 옷자락을 따라 대지가 요동을 친다.

내가 돈다. 땅이 돌고 우주가 돈다.

신과 만나는 무아지경의 시간.

슬프도록 파란

볼리비아 ♠ 포토시
Bolivia, Potosi

해발 4천 미터가 넘는 볼리비아의 고산도시, 포토시.
고도가 높아 산소가 희박한 이곳에선 늘 숨이 가빴다.
천천히 걸어도 100미터 달리기를 한 것처럼 숨이 턱에
찼다. 게다가 고산병 증상 중 하나인 두통까지 이어져
나는 무기력증을 앓았다. 그럼에도 포토시가 싫지 않았던
건, 구름 한 점 없는 파란 하늘 때문이었다.

포토시는 광산도시다. '풍요의 언덕'이라 불리는
세로 리코에서는 은과 주석 같은 광물이 퍼 올려졌다.
내가 포토시에 온 것도 광산 체험을 하기 위해서였다.
작업복으로 갈아입고 장화를 신었다. 안전모와 마스크도
썼다. 광산 안으로 몇 걸음 옮기자 독특한 광물 냄새가

코를 찔렀다. 그 냄새에 익숙해질 무렵에는 밖에서
들어오는 빛이 희미해졌다. 마침내 모든 빛은 차단되었고
나는 헤드 랜턴의 불빛과 앞 사람의 발걸음에 의지해
점점 더 깊숙한 곳으로 들어갔다. 처음엔 똑바로 걸었다.
갱도가 조금 더 좁아졌을 때는 허리를 구부리고 걸었다.
광물 냄새와 먼지가 난무했고, 한층 좁아진 갱도를 지나기
위해 네 발로 기었다. 그곳에 광부들이 있었다.

광부들은 양쪽 볼이 볼록했다. 입 안에 코카 잎을 가득 문
채 기계처럼 삼질을 하고 있었다. 저 멀리 아득한 곳에서
육중한 수레 소리가 들려왔다. 또 다른 광부 넷이 수레
가득 실어온 광물을 쏟아놓고 다시 어둠 속으로 사라졌다.
그곳에 남은 광부들이 바구니에 광물을 담아 땅 위로 올려
보내자, 곧이어 빈 바구니가 내려왔다. 그들은 끼니 대신
마약 성분이 들어 있는 코카 잎을 씹으며, 하루 여덟 시간
동안 그곳에서 광물을 캐내고 퍼 날랐다.

밖으로 나오기 위해 광부들과 작별했다. 좁고 가파른
갱도를 한 발 한 발 기어올랐다. 숨이 차서 마스크를
벗으니 온갖 부유물이 코와 입 안으로 쏟아져 들어왔다.
완전히 바깥으로 나온 순간, 밝은 햇살에 눈을 뜰 수가

없었다. 시리도록 파란 하늘과 청량한 바람을 맞으며
눈물이 났다.

아침 일찍부터 오후까지 지하 갱도에서 일하던
청년 광부들이 지상으로 처음 나와
땀에 젖은 몸을 바람에 말리며 짧은 휴식을 취한다.
"어둠 속에서 열 시간 넘게 일해야 하는 우리는
지상의 환한 햇살만 보면⋯⋯ 그냥 눈물이 나요."

🌼 박노해, 『박노해 볼리비아 사진전 티티카카』, 나눔문화, 2014

38

엘찰텐 베이스캠프

아르헨티나 ♣ 엘찰텐
Argentina, El Chaltén

피츠로이 봉*을 보려는 여행자들은 모두 이곳, 엘
찰텐으로 모인다. 늘 구름과 눈에 덮여 있는 피츠로이.
원주민들은 이를 연기 뿜는 산이라는 뜻의 세로 찰텐이라
불렀다. 여행자들이 이곳에서 할 수 있는 유일한 일은
날씨를 살피는 것. 호스텔에 머물며 체력을 비축하다가
비바람이 잠잠해지면 길을 떠난다. 마치 중요한 등정을
눈앞에 두고 베이스캠프에서 숨을 고르는 등반가처럼.

날이 흐리다. 비가 내리고 바람이 분다. 며칠을 호스텔에
머물며 창밖으로 하늘만 올려다본다. 그러다 날이 갠다.
피츠로이로 떠난다. 비에 젖어 질퍽거리는 땅. 눈이
덮여 미끄러운 바위. 갑자기 불어 닥쳐 시야를 가리는

눈보라. 파타고니아의 강풍에 이리저리 뒤틀리고
하얗게 말라버린 나무숲을 지나 가파른 언덕을 오르자
눈앞에 우뚝 피츠로이가 솟아오른다. 상어 이빨이라는
무시무시한 수식어와 달리 포근해 보이는 봉우리.
보드라운 솜이불을 펼쳐놓은 듯 산 아래로 폭신한 눈이
두텁게 쌓여 있다. 다시 눈발이 흩날린다. 서둘러 산을
내려온다.

마을로 돌아온 여행자들은 따뜻한 물로 샤워를 하고
육즙이 가득 밴 소고기 스테이크와 레드 와인으로 허기를
채운다. 빨갛게 상기된 볼. 가느다랗게 웃고 있는 눈.
조잘조잘 저마다의 감상을 나누는 사람들. 그들의 온기로
엘찰텐 베이스캠프가 데워진다. 따뜻하게 깊어가는 산골
마을의 밤.

39

천국 아니면 지옥

그레이하운드를 타고 라스베이거스에 도착했다.
버스터미널은 시내와 조금 떨어져 있었다. 나와 같은
버스를 타고 온 사람들은 모두 누군가 마중 나온 차를
타고 떠나버렸다. 나는 시내버스를 탔다. 버스가 호텔
앞까지 가지 않았기에 두세 정거장 전에 내려 호텔까지
걸어야 했다. 무거운 배낭을 메고 호텔까지 10여 분을
걸었다. 하늘과 땅에서 쏟아내는 열기로 온몸이 익어갔다.
체크인을 하고 짐을 풀었다. 창밖을 내다보니 땅이
이글이글 끓고 있었다. 호텔로 들어오는 에스컬레이터가
천국으로 오르는 계단처럼 여겨졌다.

라스베이거스에서 큰돈을 벌 생각은 없었다. 그저

할리우드 영화에 자주 등장하는 장소에 와보고 싶었을 뿐.
매일 밤거리를 어슬렁거리며 화려한 호텔들을 구경했다.
시간에 맞춰 무료 쇼를 구경하는 것도 잊지 않았다.
슬롯머신 앞에 앉아 투자한 돈의 열 배 이상을 벌기도
했다. 투자금은 고작 1달러였다. 가끔은 맛있는 것도
먹고 유명한 쇼도 관람했지만, 라스베이거스에서 보낸
대부분의 날들은 왠지 쓸쓸했다.

소비의 도시, 라스베이거스. 그곳은 나 같은 가난한
여행자에게는 어울리지 않았다. 숨 쉬는 것 외에 모든
일에 돈이 들었다. 하다못해 호텔 방에 있는 로커나
인터넷을 쓰기 위해서도 하루에 몇 달러씩 비용을
지불해야 했다. 그야말로 '풍요 속의 빈곤'이었다. 모든
물질이 넘쳐나는데 가난한 나에겐 아무것도 없는 거나
다름없었으니까.

라스베이거스를 떠나는 날 새벽. 호텔로 돌아와 창문
앞에 서서 밤새 도시를 바라봤다. 흥청거리며 움직이는
현란한 라스베이거스. 이런 도시를 만들어낸 인간에 대한
경이로움과 두려움이 동시에 밀려왔다. 때마침 귓가엔
이글스의 '호텔 캘리포니아'가 흐르고 있었다.

사막의 까만 고속도로를 달리는 내 머릿결에
바람이 스치고,
은은한 환각의 냄새가 대기에 진동해.
저 멀리 가물거리는 불빛이 보여.
머리가 무거워지고 시야가 점점 흐려지고 있어.
오늘밤 묵을 곳을 찾아야겠어.

문가에 그녀가 서 있었어.
미션풍의 종이 울리는 소리를 듣고 난 혼자 이렇게
생각했어.
'여긴 천국 아니면 지옥일 거야.'

천장에 펼쳐진 거울, 얼음이 놓인 핑크빛 샴페인.
그녀는 이렇게 말했어.
"이곳에서 우린 모두 우리가 만들어낸 도구의 노예가
되어 버리죠."

내가 마지막으로 기억하는 건 입구를 향해 뛰었단 거야.
원래 있던 곳으로 돌아갈 길을 찾아야 했지.
"진정해요"라고 야간 경비원이 말했어.

"우리는 손님을 받기만 해요. 당신은 언제든지 방을 뺄 수 있지만 떠날 수는 없어요."*

*'호텔 캘리포니아'의 가사

여인 섬을 탐험하는 일

멕시코 ✦ 이슬라무헤레스

Mexico, Isla Mujeres

멕시코 동쪽 끝의 작은 섬. 수 세기 전 이곳엔 마야 인들이
살았는데, 달의 여신을 닮은 여인상을 해안가에 빚어
놓았단다. 스페인 탐험가 에르난데스가 이곳에 도착해
여인상의 모습을 보고 "이슬라무헤레스(여인 섬)"라고
말했다. 그때부터 이 섬은 그 이름으로 불리게 됐단다.

섬을 둘러보기 위해 새빨간 스쿠터 한 대를 빌렸다.
그리고 지도를 펼쳤다. 꼬리가 두 갈래로 갈라진,
번개처럼 빠른 꼬치고기처럼 생긴 섬. 노르테 해변이 있는
북쪽에서부터 마야 신전이 있는 남쪽까지 달리기로 했다.
탐험할 위치에 점을 찍고 메모를 달았다.

'점박이 무늬를 가진 아기 거북이를 만날 것.'
'산호초 지대 가라퐁에서 스노클링을 즐길 것.'
'섬 끝자락에 있는 등대에서 카리브의 물빛에
빠져볼 것.'

스쿠터를 타고 오랜 시간 뙤약볕 속에 있다 보니 온몸이
달아올랐다. 천국의 해변 '플라야 파라이소'로 풍덩
빠져들었다. 얕고 잔잔한 바다. 바닷속으로 들어가
일렁이는 물의 노래를 들었다. 태아가 되어 엄마 뱃속으로
들어간 듯 편안했다.

마을로 돌아와 숙소 주인에게 흡족했던 탐험 이야길
건네니, 그가 고개를 저으며 말했다.

  "가장 중요한 것 하나가 빠졌어."
  "그게 뭔데요?"
  "새해 첫날 아침에 섬 남쪽으로 가서 해맞이를
  하는 거야. 여긴 멕시코에서 가장 먼저 해가 뜨는
  곳이거든. 그러니까 12월 31일에 또 놀러와."

그는 불룩 나온 배를 들썩이며 호탕하게 웃었다. 자기 집에 또 묵으라는 상술인지도 모르지만, 섬을 다시 찾을 구실을 만들어준 그가 고마웠다.

41

와인 향기 그윽한 고장

아르헨티나 ♠ 멘도사
Argentina, Mendoza

아르헨티나에서 가장 많은 와인이 생산되는 곳, 멘도사.
말벡 품종의 포도밭이 끝없이 펼쳐지는 이곳에서
와이너리 투어에 나섰다. 버스를 타고 몇 시간을 달려
와이너리에 도착했다. 푸릇푸릇한 포도밭으로 둘러싸인
공장 안으로 들어가니 와인을 만드는 기계와 와인을
저장하는 거대한 오크통이 보였다. 와인이 만들어지는
과정에 대한 길고 긴 설명이 끝나자 와인을 맛볼 수 있는
시간이 보상처럼 주어졌다. 와이너리 주인이 천천히,
정성스럽게 와인을 한 잔씩 따랐다. 군침을 삼키며
기다리고 있던 내 손에 드디어 와인 잔이 들렸다. 나는
잔을 휘휘 돌려가며 향기를 맡다가 신중하게 한 모금
머금었다. 마치 소믈리에가 와인의 맛을 감정하듯이.

이건 아주 상냥한 포도주야. 새침을 떨고 수줍어하는 첫
맛이야. 부끄럽게 등장하지. 하지만 두 번째 맛은 아주
우아하거든. 두 번째 맛에서는 약간의 교활함이 느껴져.
또 좀 짓궂지. 약간, 아주 약간의 타닌으로 혀를 놀려.
그리고 뒷맛은 유쾌해. 위로를 해주는 여성적인 맛이야.
이 약간 경솔하다 할 정도로 너그러운 기분.

이렇게 멋들어지게 맛을 표현하고 싶었지만, 내 입에서
나오는 말이라곤 한 마디뿐이었다.

"Muy Bien!(아주 좋아요!)"

▲ 로알드 달, 『맛』, 정영목 옮김, 강, 2008

42

모아이가 보낸 편지

칠레 ♠ 이스터 섬

Chile, Easter Island

우리 이름은 모아이Moai. '큰 섬'이라는 뜻을 지닌
라파누이Rapa Nui에 살아요. 네덜란드의 탐험가
로게벤이 우리가 살고 있는 섬을 발견한 날이
부활절, 그러니까 이스터 데이였대요. 그때부터
사람들은 이곳을 이스터 섬이라고 부르기
시작했어요.

드넓은 초원과 푸른 숲이 우거진 곳이에요. 물론
짙은 파랑이 넘실대는 아름다운 바다도 있지요.
우리는 주로 해안가나 바다가 바라보이는 절벽에
모여 살아요. 이곳에 사는 모아이는 무려 900여
명이나 돼요. 키는 1미터에서 3미터까지 자라고요.

누군가는 모자를 써서 키를 늘리기도 하죠. 우리
중 몇몇은 눈을 뜨고 있지만 대부분은 감은 채로
지내요.

우릴 만든 사람들은 아주 용맹했어요. 특히 성년이
되는 해를 맞은 남자들은 더욱 용감해져서, 수십
미터 높이 절벽에서 바다로 곧장 뛰어 내려가 섬에
있는 군함새의 알을 가져오는 경기를 하곤 했어요.
그들은 하늘과 바다를 자유롭게 날아다니는 새의
후예들이었지요.

요즘 사람들은 우리를 만든 사람들을 두고
잉카 문명의 근원인 페루에서 왔다고도 하고,
폴리네시아의 어느 섬에서 왔다고도 해요. 하지만
그런 건 별로 중요하지 않아요. 우리는 그들을 아주
잘 알고 있으니까요. 그들이 어떻게 살아왔고 어떻게
우릴 만들었는지, 모두 다 알고 있으니까요. 이렇게
말로 설명해서는 상상이 되지 않겠죠. 당신이 이곳에
한 번 오시지 않겠어요? 우리가 그들을 생생하게
보여줄게요.

당신이 온다면, 새의 모습을 그려놓은 동굴과 군함새
알 가져오기 경기가 열렸던 절벽에 데려가 줄게요.
매년 1, 2월에 열리는 라파누이 축제에서는 바나나
껍질로 엮은 뗏목을 타고 부리나케 산등성이를
내려오는 전사들의 모습도 볼 수 있을 거예요.
해가 뜨고 질 때 만나면 좋을 모아이 친구들도
소개해줄게요. 우리가 태어난 이곳에서 모아이
탄생의 순간을 함께 보내고 싶어요. 당신을
기다릴게요.

안녕, 모나르카

멕시코 ♠ 시에라친쿠아
Mexico, Sierra Chincua

매년 가을 북미에서 멕시코로 대규모 나비 떼가
이동해온다. 이름은 모나르카Monarch Butterfly, 제왕나비다.
몸길이에 비해 아주 커다란 주홍색 날개를 가진 나비.
이들은 북미의 추운 겨울을 피하기 위해 5천 킬로미터를
날아서 멕시코 미초아칸의 전나무 숲으로 모여든다.

모나르카를 보기 위해 시에라친쿠아로 갔다. 가는 길은
쉽지 않았다. 관광안내소에서 내어준 버스 시간표를 믿고
한 시간 넘게 기다렸지만 버스는 한 대도 오지 않았다.
하는 수 없이 마음씨 좋아 보이는 아저씨가 운전하는
택시를 골라 타고 전나무 숲으로 향했다. 구불구불한
산길을 한 시간 반 정도 달려 시에라 친쿠아에 도착했고

그곳에서 다시 두 시간 여를 걸어 깊은 산 속으로
들어갔다. 키 큰 나무들로 우거진 숲은 그늘도 깊었다.
하늘을 덮고 있는 구름 때문인지 나비들은 나무에 매달려
움직일 생각을 않고 있었다. 그곳에 모인 사람들은 모두
숨 죽여 나비가 날아오르길 기다리고 있었다. 순간 한
줄기 햇살이 숲 속으로 쏟아졌고, 나무에 매달려 있던
수만 마리의 나비들이 한 번에 날아올랐다. 노란 눈발이
날리는 것 같았다. 나비의 팔랑거리는 날갯짓 소리에
귀가 간질거렸다.

"모나르카는 죽은 사람들의 영혼이야."

옆에 앉아 있던 노인이 내게 말했다. 죽은 영혼이 나비가
되어 이곳으로 날아오는 거라고. 마침 그날은 '죽은 자의
날'이라고 했다. 죽은 자들이 일 년에 한 번, 가족과 친구를
만나기 위해 찾아온다는 날. 나는 이름 모를 노인과 함께
죽은 이들을 위해 기도했다. 모나르카와 함께 찾아온
영혼이 이곳에서 편히 머물다 무사히 돌아갈 수 있기를.

44

티베트의 순례자

티베트 ♠ 라싸
Jibet, Lhasa

이른 아침 햇살에 3,600미터 높이의 고원 도시가 붉게
물들 무렵, 티베트 인들은 서둘러 나갈 채비를 한다.
강렬한 햇살을 가릴 모자와 마스크를 쓰고 직물로 짠
검박한 옷을 입는다. 라싸의 골목골목마다 쏟아져 나오는
사람들. 한 손엔 마니차를, 다른 손엔 염주를 들고 입으로
진언을 왼다.

"옴마니반메훔"

도시 곳곳을 잰 걸음으로 걷는다. 그들이 모인 곳은
커다란 암벽 앞. 천 개의 불상이 새겨진 천불절벽
앞에서, 생각과 입과 몸으로 지은 업을 씻어내려는 듯

합장한 두 손을 이마와 입술과 가슴에 댄다. 무릎을 꿇고
온몸을 바닥으로 던진다. 땅에 닿은 이마에 굳은살이
박일 때까지 오체투지는 계속된다. 그들은 세속적 삶의
풍요로움을 갈망하지 않는다. 이 세상을 살아가는 모든
중생이 평안하길, 윤회의 고리를 끊고 해탈할 수 있기를
열망한다.

그 광적인 분위기에 휩싸여 넋을 놓고 말았다. 한참이
지나서야 정신을 차리고 천불절벽에서 물러났다.
도심으로 돌아와 작은 추가 달린 마니차를 하나 샀다.
구릿빛으로 반짝이는 작은 원통엔 돌돌 말린 불경이
들어 있다. 마니차를 손에 쥐고 천천히 돌렸다. 추를 따라
원통이 돌기 시작했다. '마니차 한 바퀴를 돌리면 경전을
한 번 읽은 것과 같다'는 티베트 인들의 믿음에 따라, 나는
몇 번이고 마니차를 돌리며 기도를 했다. 티베트 인들의
염원이 이뤄지길 기원하면서.

45

하몽 하몽

스페인 ♠ 마드리드
Spain, Madrid

파인애플 한 접시와 화이트 와인 한 잔을 샀다.
몽둥이처럼 생긴 커다란 물건이 줄줄이 매달려 있는
가게로 갔다. 사람들을 따라 '하몽 이베리코 Jamon Iberico' 한
접시를 주문했다. 점원은 보기 좋게 그을린 넓적한 고기를
쇳덩이에 고정시켰다. 그러고는 날카로운 긴 칼을 들어
한 점 한 점 정성스럽게 저며 냈다. 반짝이는 은박 접시에
선홍색 하몽이 차곡차곡 쌓여갔다. 접시에 담긴 하몽을 두
손가락으로 집어 올리자, 습자지처럼 얇은 고기에 적당히
배어 있는 기름이 홀로그램처럼 반질거렸다. 한 점을 입
안에 넣고 오물오물 씹었다.

이것은 생고기도 익힌 고기도 아닌 절인 고기. 바다의
짠맛과 향긋한 숲의 맛이 난다. 너무 얇아서 입에 넣으면
바로 녹아버릴 것 같지만 의외로 질깃질깃 씹는 맛도
있다. 달달한 파인애플로 하몽의 짠맛을 상쇄시킨 후
화이트 와인으로 깔끔하게 마무리.

하몽 이베리코는 스페인의 목초지에서 도토리만 먹고
자란 흑돼지로 만든다. 돼지 뒷다리를 통째로 천일염에
절인 후 3년 동안 자연 바람으로 말려 만든 햄. 숲과 바다,
바람과 시간이 만들어낸, 그야말로 자연의 맛이었다.

46

체

쿠바 ♠ 아바나
Cuba, Havana

쿠바에 간 건 체 게바라 때문이었다. 장 코르미에가 쓴
『체 게바라 평전』을 읽고 난 후, 체가 자신의 신념을
담아 이루려 했던, 혁명의 나라 쿠바에 가보고 싶어졌다.
쿠바에서 처음 체를 만난 것은 아바나에 있는 혁명
박물관에서였다. 게릴라로 활동하던 시절의 체를 가장
많이 볼 수 있는 곳이었다. 그 이후로도 나는 거리에서,
버스 정류장에서, 은행에서, 기념품 숍에서 그리고
도서관에서도 수없이 많은 체를 만났다. 체가 떠난 지
반세기가 다 되어가지만, 그는 여전히 쿠바 인들과 함께
살아 숨 쉬고 있었다.

쿠바의 몇몇 도시를 돌고 아바나로 돌아온 나는
우체국에서 엽서 한 장을 샀다. 쿠바 혁명의 승리에
도취된 사람들 속에서도 여전히 혁명에 대한 신념으로
형형한 눈빛을 뿜어내는 체의 모습이 담겨 있었다.
카피톨리오 계단에 앉아 몇 개월 후 서울에 있을 나에게
엽서를 썼다.

> 소리에 놀라지 않는 사자같이,
> 그물에 걸리지 않는 바람같이,
> 물에 때 묻지 않는 연꽃같이,
> 무소의 뿔처럼 혼자서 가라.♣

체는 『숫타니파타』에 나오는 사자 같고, 바람 같고, 연꽃
같은 사람이었다. 나는 그런 체를 닮은 사람이 되길
꿈꿨다. 혁명의 나라, 쿠바에서만큼은.

♣ 『숫타니파타』, 전재성 옮김, 한국빠알리성전협회, 2013

47

천상의 수도원

그리스 ♠ 메테오라
Greece, Météora

먼 옛날 아토스 산에 살던 수도사 세 명이 투르크
도적떼를 피해 칼람바카에 이르렀다. 피네이오스 강이
수백 미터 높이의 바위 덩어리를 깎아낸 지역이었다.
마치 '공중에 떠 있는' 듯 하늘 높이 솟은 바위 절벽을 본
수도사들은 그곳에 수도원을 짓고 신과 대화를 나눴다.

칼람바카 마을에서 버스를 타고 메테오라에 도착했다.
지도를 보니 마을 뒤편은 모두 거대한 암석 밭이었다.
수십에서 수백 미터에 이르는 바위 봉우리와 함께 십자가
모양이 그려져 있었다. 수도원은 좁고 가파른 바위 봉우리
꼭대기에 지어져 있었다. 수도원 주변으로 뚫린 산책로를
따라 걸었다. 봉우리 사이에 걸린 다리를 지나 메갈로

메테오로 수도원에 도착했다. 하늘 높이 걸린 수도원에서
내려다보니 내가 떠나온 마을이 장난감처럼 보였다.

천국과 가장 가까운 곳에 수도원을 짓겠다고 했던
수도사는 아타나시우스였다. 그는 수직 절벽에 사다리와
도르래를 설치했다. 사다리를 타고 봉우리에 올라간 뒤
도르래를 이용해 건축자재를 끌어올렸다. 위험하고
고된 공사였기에 수도원이 완성된 건 그가 삶을 마친
뒤였다. 하지만 그에게 수도원의 완성은 그리 중요한 게
아니었을지도 모른다. 온 정성을 다해 수도원을 짓기
시작했을 때부터 그는 이미 신의 품에 이르렀을 테니.

48

나의 첫 번째 고양이, 세보

칠레 ♠ 푸트레

Chile, Putre

볼리비아의 수도 라파스에서 칠레로 넘어가는 버스에
올랐다. 아타카마 사막이 있는 아리카로 가는 길이었다.
버스가 한참 달리고 있는데 준이 느닷없이 안데스 고산
지대에 펼쳐진 고원 알티플라노에 내리고 싶다고 말했다.
나는 흔쾌히 그러자고 했다. 우리는 칠레의 아주 작은
산골 마을 푸트레에 내렸다.

눈 덮인 화산 봉우리 아래로 푸른 밭이 펼쳐진
마을이었다. 관광객이 거의 들르지 않는 이 마을엔 딱
두 개의 호스텔이 있었다. 우리는 '대지의 어머니'라는
뜻을 지닌 호스텔 '파차마마Pachamama'로 들어섰다.
알레한드로라는 젊은 남자 주인장이 세보라는 고양이와

함께 살고 있었다. 우리가 도착했을 때 그는 지난 밤
사용한 침대 시트 뭉치를 들고 나가려던 참이었다.
우리에게 방을 내어주더니 세탁물을 맡기고 올 때까지
호스텔을 봐달라고 말했다. 우리는 적막한 산골 마을의
주인 없는 텅 빈 호스텔에 남겨졌다.

나는 햇살이 쏟아지는 중정에 앉아 나른한 오후를 즐기고
있었다. 그때 세보가 나타났다. 평소 고양이를 무서워하던
나는 녀석을 보고 몸이 굳어버렸다. 그런 나를 골려줄
셈이었을까. 세보는 자신이 고양잇과 동물이라는 것을
입증하려는 듯 표범처럼 날렵하고도 우아하게 걸어서 내
곁으로 한 발 한 발 다가왔다. 곧이어 녀석이 아주 가볍게
내 무릎 위로 뛰어올랐다. 나는 소리를 지르지 않으려고
이를 꽉 깨물었다. 세보는 내 허벅지가 자기 집이라도
되는 양 편안히 자리를 고르더니 몸을 뉘였다. 용기를
내어 한 손으로 세보의 머리를 살살 쓰다듬자, 녀석은
눈을 지그시 감고 갸르릉 거리는 소리를 냈다. 그 순간,
세보와 나의 숨은 맞닿아 있었다.

그때부터였을 거다. 내가 고양이를 좋아하게 된 건.
어쩌면 운명이었는지도 모른다. 우리가 급작스레

푸트레라는 작은 마을에 들르게 된 것도, 세보가 살고
있는 파차마마에 묵게 된 것도, 마침 호스텔에 세보와
우리만 남게 된 것까지도. 내가 전 세계의 길고양이들과
친구가 될 운명.

49

매혹의 댄서

스페인 ✦ 그라나다
Spain, Granada

이슬람의 기타.

로마와 인도의 춤.

안달루시아 지방의 문화.

집시의 영혼.

3천 년 동안 다양한 요소가 어우러져 만들어낸

고혹적인 예술, 플라멩코 flamenco.

그라나다를 여행할 때 집시의 굴로 플라멩코를 보러 갔다.

좁고 긴 동굴 속 벽면과 천장엔 액자와 각종 집기가

어지럽게 매달려 있었다.

관객은 굴의 벽을 따라 마주보고 앉았다.

애절한 기타 연주와 함께 무희가 등장했다.

상체를 꽉 조이는 옷은 몸의 윤곽을 그대로 드러냈고
다리를 들어 올릴 때마다 촘촘하게 잡혀 있던 주름이
공작의 깃털처럼 펼쳐졌다.
그녀의 춤은 몹시 관능적이었다.
슬픔과 기쁨, 환희와 비통을 노래하는 거친 목소리.
귓전을 때리는 날카롭고 강렬한 발구름 소리.
흥을 돋우는 "올레!" 외침과 함께 그녀의 시간이 끝났다.
어느새 그라나다의 밤은 깊고도 깊었다.

50

쿠마리 리포트

네팔 ♠ 카트만두
Nepal, Kathmandu

중년 여자: (이마에 붉은색 티카-신에게 받는 축복의 표시-를 붙이고) 많은 능력을 가진 '탈레주'의 화신 쿠마리Kumari시여. 제 가정이 아무 일 없고 내내 평탄하길. 제 가족 모두가 건강하길 축복해주세요.

쿠마리 선발자: 석가모니의 성을 가진 2~4세의 여자아이 중에 쿠마리를 뽑습니다. 머리카락과 눈동자가 검고, 장애나 상처도 없어야 하고, 냄새가 나면 안 되고, 집안이 좋아야 하는 등 서른 가지가 넘는 엄격한 기준에 의해 여신이 될 아이가 선정되죠.

전직 쿠마리의 어머니: 초경 전까지만 쿠마리로 지낼
수 있어요. 길어야 10년이니까 괜찮아요. 쿠마리
역할이 끝나면 사원을 나와 평범한 삶을 살 수
있으니까요. 쿠마리로 지내면서 사람들에게 평안과
행복을 줄 수 있다는 건 무척 가치 있는 일이에요.
그리고…… (웃으며) 딸이 쿠마리를 할 때 받은
헌금으로 이 집도 마련했어요.

전직 쿠마리: 쿠마리로 선정되면 어쩔 수 없이
사원에 들어가야 해요. 제 의지는 아무 상관이
없어요. 하긴 5살도 안 된 아이에게 어떤 의지가
있겠어요. 저도 그땐 아무 생각이 없었어요.
쿠마리를 마치고 평범한 삶을 살게 된 이후에야 알게
됐죠. 쿠마리가 어떤 존재였는지. 신에서 인간이 된
뒤의 삶은 좀 힘들었어요. 혼자서 잘 걷지도 못했고
친구 사귀기도 힘들었거든요.

변호사: 쿠마리는 신이 아니에요. 여느 아이들과
똑같은 평범한 아이일 뿐입니다. 쿠마리는 아동
인권을 침해하는 문화예요. 학교에도 갈 수 없고,
정상적인 가정 안에서 자랄 수도 없어요. 가장 큰

문제는 자유롭게 행동할 수 없다는 겁니다. 하루
종일 사원 안에서만 지내죠. 1년에 한두 번 큰 축제
때나 바깥세상을 구경할 수 있습니다. 그것도 발이
땅에 닿으면 신성이 사라진다는 이유로, 제 발이
아닌 다른 사람의 발을 빌려서 이동해야 하죠.
더 큰 문제는 여신에서 평범한 인간으로 돌아갈
때 일어납니다. 우리 사회는 쿠마리였던 아이를
철저하게 잊어버립니다. 무관심 속에 방치되는 거죠.

교수: 쿠마리는 5세기부터 시작된 네팔의 종교
문화 중 하나입니다. 아동이나 여성의 인권을
침해하는 식으로 해석해선 안 돼요. 요즘에는 학교에
가는 대신 가정교사가 사원으로 찾아가 쿠마리를
교육시키고 있어요. 인간의 삶으로 돌아온 전직
쿠마리들에겐 정부에서 연금도 보조하고 있고요.
이들에 대한 사람들 인식도 많이 달라지고 있습니다.

젊은 남자: 보통 사람들은 은퇴한 여신도 신성을
유지해야 한다고 믿어요. 쿠마리였던 여자랑
결혼하면 남자가 비명횡사한다는 이야기도 있어요.
저요? 물론 저도 결혼하고 싶지 않죠.

네팔의 수도 카트만두의 더르바르 광장. 강력한
힌두 왕국이 있던 자리에 지어진 사원엔 쿠마리가
산다. '살아 있는 소녀이자 여신'인 쿠마리를
두고 이런저런 이야기가 오가지만, 정작 소녀는
말도 표정도 없다. 인간과 말을 섞으면 안 되는
여신이기에.

51

귀족들의 웅성거림이 들리는 곳

영국 ♠ 런던
United Kingdom, London

런던의 12월, 유난히 추운 밤이었다. 뽀얀 입김을
내뿜으며 템즈 강변을 따라 걸었다. 몸을 데울 뭔가가
필요했다. 저 멀리 아늑한 불빛이 보였다. 불빛을 향해
걸었다. 어둠을 밝히는 두 개의 전등이 나란히 걸려 있는
작은 펍에 다다랐다. 두터운 유리창 안으로 사람들의
느릿느릿한 움직임이 모자이크처럼 번지고 있었다.
조심스레 문을 밀었다. 꿈쩍도 않는 문. 다시 한 번 힘껏
밀어 젖히자, 따뜻한 온기와 나지막한 말소리들이
순식간에 전해져 왔다.

천장에 걸려 있는 묵직한 샹들리에, 걸음을 옮길 때마다
삐걱거리는 나무 바닥, 정교하게 조각된 핸드레일을 가진

계단. 'The Argyll Arms'라는 이름을 가진 펍은 한 눈에 보기에도 고풍스러웠다. 하노버 왕가가 영국을 통치하던 1740년대에 문을 연 오래된 곳이라고 했다. 정신을 차리고 보니, 눈앞에 Nutty Black, Amber Ale, London Pride 등의 이름을 달고 있는 생맥주가 보였다.

펍이 처음 문을 열었을 땐 아가일 공작의 저택과 펍을 연결하는 비밀 통로가 있었단다. 그 통로를 통해 남몰래 펍을 찾았을 아가일 공작이 된 것처럼, 바에 앉아 진득한 흑맥주 한 잔을 들이켰다. 까만 액체는 혈관을 타고 몸의 구석구석으로 퍼져나갔다. 몸보다 머리가 먼저 달궈졌다. 아늑하게 빛나는 노란 전등과 잔에 반사되는 영롱한 불빛들로 정신이 아득해졌다. '아, 이곳이 진정한 잉글리시 펍이로구나.'

52

과달루페 테라피

멕시코 ♠ 멕시코시티
Mexico, Mexico City

멕시코에 머물 때 잠시 홈스테이를 했었다. 나이가 지긋한
후아레스 부부의 집이었는데, 두 사람은 모두 독실한
가톨릭 신자였다. 할아버지는 매일 밤 잠들기 전에 긴
기도를 올렸고 할머니는 기복 신앙에 가까운 믿음을
갖고 있었다. 예를 들면, 머리나 허리가 아플 때 아기
예수 카드를 꺼내 이마에 대거나 손에 쥐고 기도를 하는
식이었다. 물론 집안에는 거실, 안방, 화장실까지 곳곳에
묵주와 십자가가 걸려 있었다. 그중에서도 가장 강력한
카드는 '과달루페Guadalupe 성모'였다. 과달루페 성모가
비단 후아레스 부부에게만 강력한 건 아니었다. 멕시코 전
국민이 의지하는 존재였으니까. 따스한 햇살이 내리쬐던
나른한 토요일 오후, 후아레스 할머니는 내게 과달루페

성모 이야기를 들려주었다.

약 500년 전. 멕시코시티 인근에 후안 디에고라는 사람이
살았다. 여느 날과 다름없이 언덕을 넘어 성당에 가던 길.
갑자기 하늘이 열리며 신비로운 빛이 쏟아졌고, 그 사이로
푸른 망토를 두른 성모 마리아가 내려왔다. 성모 마리아는
깜짝 놀라 말문이 막혀버린 디에고에게 온화한 미소를
지으며 말했다.

  "디에고야, 놀라지 말고 주교에게 가서 내 말을
   전하여라. 내가 나타난 이곳에 성당을 지으라고."

디에고는 당장 주교에게 달려가 이야기를 전했지만
주교는 믿을 수 없다며 증거를 요구했다. 실망한 디에고가
언덕으로 되돌아오자 과달루페 성모는 그에게 장미꽃 한
아름을 안기며 주교에게 가져다주라고 했다. 때는 꽃 한
송이 피지 않는 한겨울, 게다가 멕시코에서는 자라지 않는
카스티야 산 장미꽃이었다. 디에고는 어깨에 두르고 있던
틸마 ^{망토}를 벗어 장미꽃 다발을 감싸 주교에게 가져갔다.

"성모님께서 보내신 꽃입니다."

디에고가 틸마를 펼치자 장미꽃이 폭포수처럼 흩어졌다.
그러더니 잠시 후 틸마 위로 과달루페 성모의 모습이
나타나는 기적이 일어났다.

스페인이 멕시코를 침략했을 때 그곳에 살고 있던 아즈텍
사람들은 자신들의 토착 신을 섬기고 있었다. 스페인
선교사가 그들을 가톨릭으로 개종시키려고 갖은 방법을
다 써봤지만 아무런 소용이 없었다. 그런데 과달루페
성모가 나타난 이후 많은 원주민들이 가톨릭으로 개종을
했다. 과달루페 성모가 황갈색 피부에 검은 머리를 지닌,
그들과 같은 모습을 하고 있었기 때문이다. 게다가 성모가
나타난 언덕은 원래 아즈텍 전통 여신을 모시는 신전이
있던 곳이었다. 그때부터 멕시코 사람들은 과달루페
성모를 멕시코의 상징이자 어머니로 여기기 시작했다.
"멕시코 만세"를 외치며 독립 운동을 펼칠 때에도 독립군
깃발엔 과달루페 성모가 그려져 있었다.

멕시코를 떠날 때 후아레스 할머니는 과달루페 성모가 그려진 카드를 내 손에 쥐여 주었다. 그 뒤로 과달루페 성모는 어디를 가든 여행길 내내 나와 함께했다. 한국으로 돌아온 지금은 서랍 안에 넣어두고 자주 들여다보지 않지만, 그래도 1년에 한두 번은 꼭 나와 함께 여행길에 오른다. 비행기 공포증이 있는 나에게도 과달루페 성모는 마음의 평안을 가져다주는 가장 강력한 토템이기 때문이다. 아마 앞으로도 평생, 길을 떠나는 한은 그녀와 함께할 예정이다.

라스콜리니코프처럼 걷다

러시아 ♠ 상트페테르부르크

Russia, Saint Petersburg

러시아로 가는 비행기표와 함께 도스토옙스키의 소설
『죄와 벌』을 샀다. 달력을 넘겨 출발일에 동그라미를
치고 매일 조금씩 읽었다. 『죄와 벌』은 인간에게
죄악이란 무엇인지, 그로 인해 부과되는 형벌은 어떤
의미를 가지는지를 고민하게 만드는 소설이다. 소설은
주인공 라스콜리니코프가 인색한 고리대금업자를
살해하기 위해 전당포로 향하는 장면부터 시작된다.

찌는 듯이 무더운 7월 초의 어느 날 해질 무렵. S골목의
하숙집에서 살고 있던 한 청년이 자신의 작은 방에서
거리로 나와, 왠지 망설이는 듯한 모습으로 K다리를
향해 천천히 발걸음을 옮기고 있었다.

상트페테르부르크에 도착했다. 날씨를 살피다가 소설 분위기와 꼭 어울릴 것 같은, 적당히 흐린 날을 골라 도스토옙스키를 만나러 갔다. 센나야 광장과 K다리를 지나 라스콜리니코프가 살고 있던 하숙집까지 걸었다. 그가 지내던 건물을 올려다보다가 고개를 떨구니 눈앞에 『죄와 벌』을 기리는 벽감이 보였다. 도스토옙스키의 부조 아래 '라스콜리니코프의 집'이라는 문구가, 그 아래 "페테르부르크에 살던 사람들의 비극적인 운명은 도스토옙스키의 손을 통해 전 인류를 위해서 선을 설파하는 토대가 되었다"라는 글귀가 새겨져 있었다.

티흐빈 묘지로 가 도스토옙스키의 무덤을 찾았다. 나뭇잎이 싱그럽게 반짝이는 무덤 앞에 그의 조각상이 서 있었다. 굴곡진 얼굴에 움푹 팬 눈과 앙다문 입. 여전히 고뇌하는 듯한 그의 얼굴을 바라보며 말했다. 100여 년 전 당신이 쓴 소설을 읽고 머나먼 나라에서 당신을 만나러 왔다고. 당신의 이야기를 통해 인간 존재와 근원에 대한 답을 찾을 수 있어 고마웠다고.

🍃 도스토옙스키, 『죄와 벌』, 홍대화 옮김, 열린책들, 2009

54

카르멘과 루이스

멕시코 ♠ 과나후아토
Mexico, Guanajuato

좁은 산골짜기에 지어진 과나후아토는 스페인이
멕시코를 통치하던 시절에 세계에서 은이 가장 많이
생산되는 도시였다. 은광 때문에 수많은 사람이 모여
들었고 점차 도시는 두 지역으로 나뉘었다. 한 쪽은
은으로 떼돈을 번 부자들이, 다른 쪽은 광산에서 일하는
빈민들이 살았다. 하지만 빈부격차도 남녀 간의 사랑을
막을 수는 없는 법.

부잣집의 아리따운 아가씨 카르멘과 가난한 광부
루이스가 사랑에 빠진다. 루이스는 카르멘에게
구혼하지만 카르멘의 아버지는 둘의 사랑을 허락하지
않는다. 가문의 명예를 높이고 더 많은 재산을 불리기

위해 부유한 집안과 혼사를 맺고 싶어 하기 때문이다.
아버지는 카르멘을 수도원에 감금시킨다. 갑자기 사라진
카르멘을 찾아 이리저리 헤매고 다니는 루이스. 마침내
카르멘의 거처를 알게 되고 매일 그녀를 만나기 위해 한
가지 꾀를 낸다. 서로의 발코니가 마주보는 집으로 이사를
한 것이다. 손을 뻗으면 닿을 만큼 가까운 발코니에서
둘은 매일 밤 뜨거운 키스를 나눈다. 그런데 이런
행복한 시간이 오래가진 못한다. 여느 날과 마찬가지로
발코니에서 사랑을 나누던 둘 앞에 아버지가 나타난다.
그들의 밀애를 알아차린 아버지는 분노에 눈이 멀어 딸의
심장에 비수를 꽂는다. 심장이 차갑게 식어가는 순간에도
카르멘은 루이스의 손을 꼭 쥐고 있다.

전설 속 카르멘과 루이스가 발코니에서 사랑을 나누던
이 거리는 훗날 '키스 골목 Callejón del Beso'이라 이름
붙여졌다. 지금은 멕시코의 수많은 연인들이 서로의
사랑을 맹세하는 장소다. 천 년의 세월이 흘러도 변치
않는 견고한 사랑을 보여주려는 듯이 연인들은 맹렬하게
키스를 퍼붓는다. 카르멘과 루이스처럼, 그렇게.

55

이스탄불의 시간

터키 ♠ 이스탄불
Turkey, Istanbul

동양과 서양, 아시아와 유럽이 뒤섞인 땅. 둥근 돔과 하늘
높이 솟은 미나렛이 넘실대는 곳. 이스탄불에 도착한
나는 그곳에 두 발을 딛고 서 있다는 것만으로도 감격에
찼다. 매일매일 비잔틴과 오스만의 흔적을 쓰다듬고
어루만지며 시간을 보냈다.

수만 장의 푸른 타일로 도배된 블루 모스크에 홀렸고,
아야 소피아가 건네는 두 종교 이야기에 매료됐다.
토프카프 궁전에서 나무와 과일과 꽃이 자아내는, 끝을
알 수 없는 모티브에 현기증이 났다. 수천 개의 상점이
들어선 바자르에서 보석, 카펫과 같은 이슬람 풍물을
구경하다 길을 잃기도 했다. 시간이 날 때마다 트램 길을

따라 갈라타 다리로 걸어 나가 이스탄불 사람들 사이로
섞여 들어갔다. 고등어 케밥으로 끼니를 때우고, 후식으로
달달한 로쿰을 오물거리면서.

갈라타 다리에서 해협의 거센 물살을 바라보다가, 동양도
서양도 아닌 어떤 경계도 없는 곳으로 가고 싶어졌다.
보스포루스 해협을 거슬러 오르는 페리에 올랐다. 페리는
유럽과 아시아, 마르마라 해와 흑해를 한 땀 한 땀 누비며
앞으로 나아갔다. 그러다 베벡지구에 내렸다. 카페에 앉아
가끔 해협으로 눈길을 던지면서 로맹가리의 단편소설
「류트」를 읽었다.

> N백작이 이스탄불에 근무한 지 일 년여가 지났다. 그는
> 여러 문명이 들어왔다가 너무나도 아름답게 소멸해간
> 그곳을 좋아했다. …… 백작은 아침나절은 대사관에서
> 보냈고, 오후가 되면 이슬람 사원이나 시장을 장시간
> 돌아다니며 미술품 가게나 골동품 상점에서 시간을
> 보냈다. 마치 물건들에 생기를 부여하려는 듯 그는 그런
> 동작을 위해 만들어진 듯한 길고 섬세한 손가락으로
> 작은 조각상이나 탈을 쓰다듬거나, 귀한 물건을
> 바라보면서 명상에 잠겨 여러 시간을 보내곤 했다.

나도 N백작처럼 매혹적인 이 도시에서 1년의 시간을
보낼 수만 있다면…….

♠ 로맹 가리, 「류트」, 『새들은 페루에 가서 죽다』, 김남주 옮김, 문학동네, 2007

56

시애틀의 엘리엇 베이

미국 ▴ 시애틀
United States of America, Seattle

미국의 원로 가수 토니 베넷은 자신의 마음을
샌프란시스코에 두고 왔노라고 노래했지만, 내가 토니
베넷이라면 샌프란시스코를 시애틀로 바꿔 불렀을 거다.
푸르게 일렁이는 바다, 바다의 짠내를 머금은 물고기들로
생동하는 어시장, 거리 곳곳을 커피 향으로 물들이는
수많은 카페. 그중에서도 가장 마음에 들었던 건 제법
오래돼 보이는 어느 서점이었다.

단정한 인상은 아니었다. 미로 같은 구조에 천장이 낮은
다락 같은 2층이 얹혀 있었다. 빨간 벽돌을 쌓아올려
만든 벽과 곳곳에 긁힌 자국이 있는 나무 바닥이 그곳을
더욱 오래된 공간으로 보이게 했다. 아무렇게나 진열해둔

것처럼 보이는 서가에는 군데군데 엘리엇 베이 서점Elliott
Bay Book Company의 로고가 박힌 하얀색 메모지가 붙어
있었다. 삐뚤삐뚤한 손 글씨로 쓰인 서점 직원들의 짧은
감상. 나를 잘 알고 있는 친구가 내게 이 책은 어떻겠냐고
말을 건네는 듯한 다정함이 전해져 왔다.

'언젠가 나도 이렇게 사람 냄새 풍기는 서점을 갖고
싶다'는 마음을 접어서 서가 한 귀퉁이에 꽂아두고 왔다.
가끔은 멋대로 개사한 노래를 흥얼거린다. "I left my
heart in Seattle"이라고.

57

팔렌케의 꼬마 가이드

멕시코 ♠ 팔렌케
Mexico, Palenque

팔렌케 날씨를 알려드리겠습니다. 어젯밤 세차게 퍼붓던 비가 모두 그치고 맑은 하늘이 드러나고 있습니다. 밤새 내린 비로 기온이 내려가 선선하게 하루를 시작할 수 있겠습니다.

마야 유적 팔렌케를 둘러보실 분들은 아침 일찍 서두르는 것이 좋겠습니다. 입구에서부터 유카탄의 울창한 밀림이 이어지는데요, 수분을 잔뜩 머금은 나무들과 이불만 한 크기의 잎사귀를 구경하는 것도 잊지 마시기 바랍니다.

유적 전체를 돌아볼 여유가 없는 분들은 다음 세 가지만 기억하세요. 팔렌케의 역사가 담겨 있는 '비문 신전',

마야의 왕족과 사제들이 비문 신전 위로 떨어지는 겨울
해를 관찰했던 '궁전', 그리고 유적 전체를 조망하기 좋은
'쿠르스 신전'까지. 쿠르스 신전에 오르면 열대의 밀림으로
뒤덮인 끝없는 평원을 볼 수 있으니 참고하시기 바랍니다.

낮부터는 강렬한 적도의 태양에 수증기가 증발해
기온이 급격히 오르겠습니다. 습기를 머금은 끈적이는
더위는 오후 늦게까지 지속됩니다. 무더위에 건강
유의하셔야겠습니다. 소금으로 간간하게 맛을 낸 새우
요리에 갓 갈아낸 파인애플 주스를 곁들이는 것이 영양
보충과 탈수 증세에 도움이 되겠습니다.

비 소식도 있습니다. 저녁 8시 전후로 '하늘도 더 이상
못 참겠다는 듯' 세찬 비가 퍼붓겠습니다. 늦게 귀가하실
분들은 우비나 우산을 꼭 챙기시기 바랍니다. 바람을
동반한 비는 새벽까지 계속될 전망입니다. 강한 빗소리에
잠 못 이루시는 분들은 밀림을 배경으로 펼쳐지는 루이스
세풀베다의 『연애소설 읽는 노인』을 읽으며 유카탄의
장대비를 그어 보시는 것도 좋겠습니다.

지금까지 팔렌케 가이드 '마야 소년'이었습니다.

58

포탈라 궁이 들려주는 것들

티베트 ✦ 라싸
Tibet, Lhasa

티베트의 주도 라싸로 향하는 비행기 안에서
『티베트에서의 7년』을 읽었다. 히말라야 원정에 참가했던
오스트리아 등반가 하인리히 하러는 제2차 세계대전의
발발로 영국군의 포로가 된다. 그는 포로수용소에서 여러
번 탈출을 시도한 끝에 험준한 산을 두 발로 걸어 라싸에
도착한다. 수용소를 탈출한 지 1년 8개월 만이었다.

1946년 1월 15일, 우리는 마지막 행군길에 나섰다.
우리는 퇴룽으로부터 넓은 키추 계곡으로 접어들었다.
한 모퉁이를 돌아서자 라싸의 가장 유명한 상징인
달라이 라마의 동계※冬 저택, 포탈라의 황금빛 지붕이
멀리서 광채를 내고 있었다. 우리가 최대의 보상을 받는

순간이었다. 우리는 순례자들처럼 무릎을 꿇고 이마를
땅에 대고 싶은 충동을 느꼈다.

늦은 밤 라싸의 심장 포탈라 궁으로 갔다. 티베트의
종교적 수장이자 정치적 지도자인 달라이 라마가
거주하던 곳. 산기슭에 세워진 궁전이 구름 한 점 없는
까만 밤하늘을 배경으로 하얗게 빛나고 있었다. 좌우
비대칭으로 지어진 궁전은 크기가 다른 종이 상자를 여러
겹 덧대 만든 것 같았다. 궁전은 이상하리만치 입체감이
없어 비현실적인 세계로 초대받은 느낌이었다.

이튿날 궁전 내부로 들어서니 매캐한 향내가 진동했다.
버터기름에 박아놓은 심지에서 올라온 노란 불꽃들이
어두컴컴한 궁을 밝히고 있었다. 폭이 좁고 가파른 계단을
오르내리며 궁을 둘러봤다. 1000개의 작은 방들이
이리저리 꼬리를 물고 이어졌다. 달라이 라마 14세의
침실 앞에 섰다. 앉은 자세로 잠들곤 했다던 그의 방엔
벗어놓은 승복만이 주인을 기다리며 우두커니 앉아
있었다.

숙소로 돌아와 마저 책을 읽었다. 책의 말미엔 1950년 중국의 침공을 피해 남쪽으로 떠나는 달라이 라마 14세의 사진이 실려 있었다. 달라이 라마는 포탈라 궁에서 마지막으로 수유차를 마신 후, "내가 적군의 손에 생포되는 것보다 망명하는 것이 나라를 위해 더 많은 일을 할 수 있다"고 승려들을 설득하며 피난길을 이어갔다. 그가 떠난 뒤 라싸 거리엔 장갑차가 들어섰고 포탈라 궁엔 마오쩌둥 얼굴이 박힌 포스터가 내걸렸다. 그가 조속히 돌아오길 기원하며 찻잔에 채워둔 수유차는 오래 전에 식어버렸다. 망명길에 오른 달라이 라마는 라싸로 돌아올 수 없었다. 반세기가 지난 지금까지도.

♠ 하인리히 하러, 『티베트에서의 7년』, 한영탁 옮김, 수문출판사, 2005

59

낯선 항구 마을에서 새해를

칠레 ✦ 발파라이소
Chile, Valparaiso

이사벨 아옌데의 소설 『운명의 딸』에 등장하는 영국인
제이컵 토드는 긴 항해 끝에 발파라이소에 도착한다.
술자리에서 "지구의를 돌려 손에 집히는 곳 어디에서든
성경을 팔 수 있다"는 객기를 부린 탓에 머나먼
남아메리카의 항구 도시까지 오게 된 것이다.

제이컵의 눈에 발파라이소는 놀라움 그 자체로 다가온다.
파란 잉크를 푼 바다 위에는 하얀 눈을 덮은 산들이
늘어섰고, 항구에는 여러 나라 국기를 매단 백여 척의
배가 정박해 있다. 부두에 내려 호텔로 가는 동안 광장
주변을 둘러싼 건물들을 지나며, 이곳은 좁은 골목들로
이뤄진 미궁이라고 생각한다.

나는 미궁 같은 발파라이소가 좋았다. 한 해를 마무리하는 날에도 어김없이 골목골목을 돌아다녔다. 낮에는 파스텔 물감으로 칠해진 집들과 가파른 언덕을 오르내리는 아센소르를 구경했고, 해가 저물 무렵 슈퍼마켓에 들러 귀여운 고양이 그림이 그려진 와인을 두어 병 사들고는 호스텔로 돌아왔다. 항구가 바라보이는 테라스에 자리를 잡고 과일과 치즈 등으로 그럴 듯한 술상을 차린 뒤 준과 함께 와인을 홀짝이며 자정을 기다렸다.

마침내 카운트다운이 시작됐다. 1월 1일 0시가 되자 항구에서 불꽃이 쏘아 올려졌다. 불꽃은 항구에 정박해 있던 군함에서 순식간에 뻗어 나와 테라스에 서 있는 바로 내 눈앞에서 터졌다. '팡팡팡!' 빨갛고 노랗게 터지는 불꽃을 바라보며 우리는 서로에게 신년 인사를 건넸다.

"펠리스 아뇨 누에보."
"해피 뉴 이어."
"새해 복 많이 받아."

60

토르티야 멕시카나

멕시코 ♠ 탁스코
Mexico, Taxco

오후 2시. 구수한 냄새가 풍겨온다. 냄새의 진원지는
슈퍼마켓. 매일 이 시간 금방 구워낸 따끈한 토르티야가
나온다. 옥수수 가루 반죽을 얇고 둥글게 부친 토르티야.
100장들이 한 봉지를 사들고 집으로 온다. 토르티야 한
장을 꺼내서 양손으로 돌돌 말아 한 입 크게 베어 문다.
갓 지어 모락모락 김이 올라오는 쌀밥 한 숟가락을 입에
넣었을 때와 같은 맛이 난다.

멕시코 사람들이 토르티야를 만들어 먹은 건
언제부터였을까. 그 시작은 고대의 마야부터였는지 모른다.
마야의 성경이라 불리는『포폴 부』에 마야의 신들이
옥수수로 인간을 창조해낸 이야기가 나오니 말이다.

옥수수를 먹으면 힘이 솟고 살이 오른다는 것을
익히 알았던 신들은 옥수수로 인간을 만들기로 했다.
옥수수로 인간의 몸과 근육을 만들고, 피 또한 옥수수로
만들기로 한 것이다. 옥수수는 창조자들의 인간 형성
작업에 사용된 유일한 원료였다. …… 그렇게 해서 모두
네 명의 옥수수 인간이 창조되었다.

멕시코 사람들은 그들이 마야의 후손이라는 것을
증명하듯 오늘도 열렬히 토르티야를 먹는다. 고기, 해물,
각종 야채를 잘게 썰어 토르티야에 올리고 라임즙과
살사를 뿌려 먹는 타코. 뜨겁게 달군 팬에 치즈 가루를
뿌린 토르티야를 올리고, 치즈가 녹아 진득거릴 때쯤
반으로 접어 반달 모양으로 부쳐 먹는 담백한 케사디야.
기름에 튀긴 토르티야 위에 계란 반숙과 살사 멕시카나를
섞어 먹는 우에보스 란체로스. 딱딱하게 굳은 토르티야를
채 썰어 튀긴 후 수프에 넣어 먹는 소파 아스테카…….
멕시코에서 토르티야를 활용한 요리는 그야말로
무궁무진하다.

프란시스코 히메네스, 『마야인의 성서: 포폴 부』, 고혜선 옮김, 문학과
지성사, 1999

242

61

바닷속 산책

이집트 ▲ 다합
Egypt, Dahab

후루가다에서 스쿠버다이빙을 배운 후 다합으로 갔다.
그곳에 전 세계의 다이버들을 끌어들이는 마력의 다이브
포인트가 있다고 했다. 다합은 고운 모래가 깔린 해변은
없지만 짙푸른 바다가 펼쳐진 바닷가 마을이었다. 바다
뒤편의 헐벗은 산들을 바라보며 시나이 반도의 황량함도
즐길 수 있는 곳.

다이빙을 하려고 물 밖에서 수트를 입고 탱크를 맸다.
오리발을 손에 들고 얕은 바다로 걸어 나갔다. 몇 걸음
떼지도 않았는데 숨이 찼다. 공기탱크 20킬로그램에,
물속으로 들어가기 위해 허리에 두른 벨트 10킬로그램.

내 몸무게에 30킬로그램을 더 얹은 셈이었다. 호흡기를 입에 물고 천천히 물 아래로 들어갔다.

오늘의 포인트는 '캐년Canyon'이다. 누군가 발을 끌어당기는 느낌을 받으며 깊은 바닥까지 내려갔다. 이곳은 바닷물이 가득 찬 V자 모양의 계곡이었다. 협곡 곳곳에 산호초가 이어지고 그 사이사이를 화려한 홍해의 물고기들이 자유롭게 유영하고 있었다. 나는 바닷속 계곡을 둥둥 떠다니며, 쥘 베른의 소설 『해저 2만리』 속으로 들어온 듯한 착각에 빠졌다.

소설에서 네모 선장 일행은 바닷속 숲을 산책한다. 풀들이 카펫처럼 깔려 있는 길을 걷고, 줄무늬 산호와 가지가 무성한 관목 숲을 지나, 수심 150미터 깊이의 깎아지른 절벽 사이 좁은 골짜기까지. 그들은 아무것도 먹지 않은 채 지치는 줄 모르고 탐험을 이어간다.

그날 밤 나는 네모 선장의 꿈을 꾸었다. 그와 함께 깊고 푸른 바닷속을 탐험하는 꿈.

62

톨레도가 들려주는 옛이야기

스페인 ♠ 톨레도
Spain, Toledo

옛날 옛적 견고한 성벽으로 둘러싸인 어느 마을에 한
왕자가 살았어요. 어린 시절 그는 창백한 피부를 가진
병약한 아이였지만, 점차 풍채가 당당한 청년으로
자라났어요. 말을 타고 사냥하는 걸 좋아했고, 기이한 책
수집하기를 즐거움으로 삼곤 했지요.

어느덧 혼기가 찬 왕자는 사촌 마리아와 결혼을 하게
됐죠. 결혼식을 앞둔 그에게 아버지는 "아이들의
어머니로서 그녀와 혼인하는 것이지 성적인 매력을
위해 결혼하는 것은 아니다"라고 충고했어요. 아버지의
당부대로 왕자는 도서관과 예배당을 드나들고 가끔
사냥을 나갈 뿐, 침실엔 거의 들르질 않았죠.

아버지가 세상을 떠나고 왕의 자리에 오른 그는 한 손엔 십자가를, 다른 손엔 채찍을 들고 제국을 통치했어요. 그는 성실하게 일했어요. 하루에 8~9시간을 꼬박 앉아 있었죠. 매일 서류 더미에 묻혀 사는 그를 세상 사람들은 '종이 왕紙王'이라 불렀어요. 그러는 사이 첫 번째 부인이 죽고 두 번째 결혼을 하고, 다시 두 번째 부인이 죽고 세 번째 결혼을 했어요.

세 번째 부인은 그보다 스무 살이나 어린 열 네 살의 꼬마 숙녀 엘리자베트였어요. 왕은 그녀를 매우 사랑해 일을 제쳐둔 채 나무 그늘 아래 앉아 함께 시간을 보내곤 했죠. 아마 그때가 왕이 가장 행복했던 시절이었을 거예요. 하지만 그 시간도 오래 가진 못했어요.

왕과 첫 번째 부인 사이에서 태어난 아들 카를로스가 문제였어요. 그는 발달이 조금 더뎠는데 돌계단에 머리를 부딪쳐 심하게 다친 후로는 폭력까지 일삼았지요. 그런데 아주 가끔은 쾌활하고 사랑스러운 열일곱 살 소년으로 돌아오기도 했어요. 어린 왕비 엘리자베트는 그런 카를로스와 시간을 보내는 걸 좋아했어요. 점차 궁전 안에서 그들이 부정한 관계라는 소문이 돌기 시작했죠.

왕비를 끔찍이 사랑했던 왕은 급기야 카를로스를
감금시키고 말았어요. 아무도 그의 이름을 부르지
못하도록 했고 왕비에겐 눈물도 흘리지 못하게 했어요.
결국 카를로스는 고독 속에 굶어 죽고 말았죠. 아들이
죽고 나서야 자신이 무슨 짓을 저질렀는지 깨달은 왕은
방에 틀어박혀 밖으로 나오지 않았어요. 그런 끔찍한
기억 때문일까요. 그는 스페인의 수도를 톨레도에서
마드리드로 옮겼어요. '해가 지지 않는 나라' 스페인의 왕
펠리페 2세Felipe II 이야기예요.

63

배 위의 인생

태국 ♠ 방콕
Thailand, Bangkok

찰랑찰랑 물결이 인다.

끼익끼익 배가 목조 가옥에 부딪친다.

캄캄한 새벽, 그녀는 홀로 일어나

불을 지피고 농장에서 신선한 야채를 거둬온다.

끄응. 소면 한 광주리.

끄응. 고기 한 광주리.

끄응. 야채 한 광주리.

광주리가 더해질 때마다

작은 나무배가 조금씩 물에 잠긴다.

그녀가 배에 오른다. 아니, 다시 내린다.

'아차차. 종일 뙤약볕 아래 떠다니려면 챙이 넓은
모자가 필요하지.'

해를 가려줄 응옷까지 쓰고 나자

출항 준비가 모두 끝났다.

노를 젓는다.

저항하던 물살이 갈라진다.

배가 주춤거리며 앞으로 나아간다.

수백 년 전 아유타야 시절에도

누군가 그녀처럼 운하 위를 떠다녔겠지.

배를 천천히 밀어 물 위의 마을을 한 바퀴 돈다.

하얀 곡식, 빨간 꽃, 노란 과일과 파란 야채를 실은

배들을 비껴간다.

그녀가 파는 것은 따뜻한 마음을 담은

뜨끈한 국수 한 그릇.

끓는 물에 데쳐 낸 한 움큼의 소면에

삶은 고기와 각종 야채를 얹은 후

진한 육수를 붓는다.

한 그릇, 또 한 그릇……

그녀는 매일 운하에 배를 띄우고,

국수를 팔아 아이들을 먹이고 입혔다.

그녀에게 인생은,

배 한 척.

64

상형문자 배우기

중국 ♠ 바이사

China, Báishā

나시족納西族 전통마을인 바이사를 걷다가 나는 종종
걸음을 멈추곤 했다. 커다란 벽면을 가득 채운, 예쁘게
채색된 그림 문자 때문이었다. 나시족 사람들은
둥바문자東巴文字라 불리는 이 상형문자를 무려 천 년
전부터 사용해왔는데, 주로 그들이 믿는 둥바교라는
종교의 경전을 기록하는 데 이 문자를 썼다. 샤머니즘적
성격이 강한 둥바교 때문인지, 나시족이 티베트 고원에
살던 유목민의 후예여서인지 모르겠지만 둥바문자에는
하늘, 땅, 산, 물, 불, 동물과 같은 자연과 관련된 그림들이
많았다.

수첩을 펼치고 펜을 꺼냈다. 둥바문자가 그려진 벽 앞에
앉아 하나하나 그림을 따라 그려봤다. 샤먼 앞에 무릎
꿇고 앉아 축복을 받으면 '결혼結婚', 천막에서 빵을 함께
나누면 '부부夫婦', 눈알이 튀어나오도록 책을 읽으면
'학습學習', 머리에서 기운이 피어오르면 '활活', 기운을 잃고
쓰러져 있으면 '사死'…… 눈에 보이는 대로 따라 그릴수록
문자의 의미가 가슴에 와 닿았다. 이방인인 나도 단박에
의미를 깨칠 수 있는 경이로운 문자라니!

商量　　　　走　　　　死　　　　活

婚礼　　　　夫妻　　　　骑

65

그랜드캐니언을 즐기는
또 하나의 방법

미국 ♠ 그랜드캐니언
United States of America, Grand Canyon

라스베이거스에서 다섯 시간을 꼬박 달려
그랜드캐니언에 도착했다. 협곡은 정오의 태양으로 이미
달궈질 대로 달궈진 상태. 거대한 지층 덩어리들이 쩍쩍
갈라진 채 붉고 거친 속살을 드러내고 있었다.

지칠 줄 모르고 흐르는 물줄기와 사막의 매서운 바람이
만들어낸 그랜드캐니언. 20억 년 전에 만들어진 이
거대한 자연을 마주할 시간은 이런 저런 이유로 고작 한
시간. 노새를 타고 협곡 사이사이를 걷는다거나, 비행기를
타고 망막한 자연을 한눈에 담는다거나, 보트를 타고 강을
떠내려가며 하늘 높이 솟은 절벽을 마주하는 일은 기대할
수 없었다. 내가 할 수 있는 건, 전망대에 앉아 그로페의

'그랜드캐니언 조곡Grand Canyon Suite'의 선율을 들으며
감상에 젖어보는 것뿐이었다.

협곡 위로 해가 떠오른다.
부드럽고 따사로운 빛이 바위틈으로 조금씩 스며든다.
바람의 움직임에 따라 지층이 춤을 추고
태양은 아득한 밑바닥에서부터 바위를 쑥쑥 키워 올린다.
한 나그네가 출사표를 던지곤
노새를 타고 딸깍거리며 협곡 사이를 걷는다.
갑자기 수런대는 악기들.
번개가 치고 소나기가 세차게 퍼붓는다.
비가 멎자 한 줄기 바람이 협곡 사이를 휘감고 지나간다.
춤추는 노을이 협곡을 감싸 안는다.
서서히 해가 진다.

66

하늘을 달리는 열차에서

티베트 ♦ 칭짱열차
Tibet, 青藏列車

오전 11시경. 라싸에서 시안으로 가는 열차에 올랐다.
칭짱열차는 세계에서 가장 높은 티베트 고원을 달린다.
그래서 중국에서는 티엔루天路, 즉 '하늘 길'이라고도
부른다. 6인실 침대칸을 찾아 열차에 짐을 풀었다.
보온병에 뜨거운 물을 받아와 커피를 탔다. 차창 가까이
얼굴을 바싹 붙이고 앉아 시속 100킬로미터 이상으로
달리는 풍경을 눈에 담았다.

쨍하게 맑은 하늘이 어두워지는가 싶더니 구름이
끼고 눈발이 날린다. 차창 밖 풍경이 초원에서 습지로,
황무지로 바뀐다. 봉우리에 눈을 덮은 설산은 황량한
붉은 빛으로 바뀐다. 끝을 알 수 없을 만큼 넓은 호수가

이어지다가 다시 초원이 시작될 무렵, 눈이 그치고 해가
나타난다.

광활한 고원엔 야크와 양의 무리가 점점이 박혀 있고,
강렬한 햇살 아래 티베트 유목민의 함박웃음이 반짝인다.
날이 따뜻해질 무렵 유목민들은 풀을 좇아 5천 미터
높이의 초원으로 올라온다. 울타리 없는 이곳에 가축을
풀고 야크 털로 천막을 짓는다. 바람을 벗 삼고 별빛을
이불 삼아 여름을 보내다. 날씨가 추워지면 짐을 꾸려
겨울을 날 집으로 돌아간다.

열차에 밤이 찾아왔다. 침대에 누웠다. 열차의 떨림은
자장가처럼 나긋했지만, 쉬 잠이 오지 않았다. 커튼을
젖히고 창밖을 내다보니 은은한 달빛 아래 설산의
연봉連峰이 나를 따라 달리고 있었다. 너른 초원에
유목민의 천막이 뜨문뜨문 나타났다 사라졌다. 자연에
순응하며 살아가는 이들 옆으로 콘크리트 벽 속에 갇힌 내
모습이 겹쳐 보였다. 도시에 길들여진 내가 고독과 곤궁을
이겨내고 유목민이 될 수 있을까?

황제 요제프의 일기

오스트리아 ▲ 빈
Austria, Wien

방금 내 사랑 시시Sisi가 세상을 떠났다는 소식을 들었다.
나는 그 소식을 들을 때에도 그녀가 혐오하던 책상에 앉아
일을 하고 있었다. 합스부르크 왕가의 미래를 책임져야
했던 나는 그녀의 삶을 고독 속으로 몰아넣었다. 그런 나
자신이 용서가 되지 않는다.

내가 시시를 처음 만난 건 그녀가 열여섯도 되지 않았을
때였다. 핑크빛 드레스를 입고서 발랄하고 달콤하게
웃던 시시. 나는 어머니의 반대에도 불구하고 그녀와
결혼하기로 마음먹었다. 시시는 감격하여 울며 내 청혼을
기꺼이 받아들였다. 그때까지만 해도 나는 우리의 행복이
영원할 거라고 믿었다.

Sisi

하지만 시시는 결혼 생활을 하는 내내 힘들어했다. 나도
알고 있었다. 내 어머니가 시시를 옴짝달싹 못하게 묶어
놓았다는 걸. 시시는 자유분방한 분위기의 가정에서 자란
앳된 소녀였다. 그러니 엄격한 궁전 생활을 견디기가
얼마나 힘겨웠을까. 게다가 나는 결혼 직후에도 일에만
빠져 있지 않았던가. 그녀가 궁전을 유령처럼 돌아다니고
있다는 것도, 화장을 바꾸는 것 외엔 달리 할 일이 없다는
것도, 낯선 얼굴의 군대에 둘러싸여 감시를 받는다는
것도, 모두 알고 있지 않았던가. 자신이 낳은 공주와
왕자마저도 시어머니에게 빼앗겨 버린 가여운 시시.

나는 시시를 위해 무엇을 했던가. 모든 걸 자기 방식대로
해야 직성이 풀리는 어머니를 말릴 수조차 없었다.
어머니에게 단 한번이라도 시시를 괴롭히지 말라고
했더라면 시시가 그렇게 이탈리아로 헝가리로 도망치듯
여행을 이어가진 않았을 텐데. 모든 것을 잃어버린 공허
속에서 병들어 버린 시시. 그녀가 스위스로 요양을 간다고
했을 때, 그때가 그녀를 잡을 수 있는 마지막 기회였던
것을……

아, 내가 그녀를 얼마나 사랑했는지 아무도 모른다. 이제
내겐…… 아무것도 남지 않았다.

68

꿀처럼 달달한

중국 ▲ 홍콩
China, Hong Kong

노스 포인트로 향하는 전차에 올랐다. 2층으로 올라가
바람이 잘 통하는 창가에 자리를 잡았다. 창문을 열고
고개를 빼꼼 내미는 순간, 눈앞이 아찔했다. 반대편에서
오는 전차가 바로 코앞으로 스칠 듯 지나갔다. 전차와
자동차와 사람이 함께 사용하는 도로는 한 치의 땅도
낭비하지 않겠다는 듯 거리가 빼게 조성돼 있었다.

각종 광고로 치장된 날씬한 전차는 너무 빠르지도,
너무 느리지도 않은 적당한 속도로 달리며 홍콩 시내
풍경을 안겨줬다. 이어폰을 귀에 꽂고 영화 「첨밀밀」의
OST를 들었다. 영화에서 소군이 끄는 자전거 뒤에 앉아
다리를 흔들며 홍콩 거리를 눈에 담는 이교가 된 것처럼,

등려군의 노래 '첨밀밀'을 흥얼거렸다.

홍콩이 중국에 반환되기 전, 소군과 이교는 '홍콩 드림'을
꿈꾸며 대륙에서 홍콩으로 건너온다. 성공을 향해
지치는 줄 모르고 일에 매달리는 두 사람. 꽃과 생닭을
배달하고, 노점을 차려 등려군의 음반을 파는가 하면,
패스트푸드점에서 번 돈으로 주식 투자를 하기도 한다.
낯선 땅에서 우연히 만난 두 사람은 서로를 의지하며
조금씩 사랑에 빠져든다. 하지만 소군에게는 고향에
두고 온 약혼녀가, 이교에게는 호화로운 삶을 보장해줄
암흑가의 보스가 있다. 팍팍한 현실과 미래에 대한
두려움으로 둘의 사랑은 진전되지 못하고 만남과
헤어짐을 반복한다.

노래가 끝날 때쯤 전차에서 내렸다. 코즈웨이 베이로
들어선 전차들이 둥글게 원을 그리며 돌아 나오는 모습을
보면서 그들의 사랑을 떠올렸다. '결혼'이라는 전차에
오른 소군과 '성공'이라는 전차에 오른 이교. 둘의 사랑은
각자의 노선을 달리며 스칠 듯 말 듯, 아슬아슬 비껴가는
전차 같았다. 결국 그들이 '꿀처럼 달달한 사랑'을
이룬 것은 모든 욕망을 내려놓고 전차에서 내린 뒤였다.

69

아드리아 해의 숨은 안식처

몬테네그로 ♠ 코토르
Montenegro, Kotor

안정적인 수입과 자신의 꿈을 맞바꾼 남자 폴. 그는
현실과 꿈 사이에서 아슬아슬하게 줄타기하며
하루하루를 살아간다. 그러던 어느 날 아내의 외도를
목격한 폴은 엉겁결에 아내의 남자를 죽이고 만다.
하루아침에 변호사에서 살인자가 된 폴. 그는 자신의 삶을
버리고 코토르로 숨어든다. 만(灣)이 내려다보이는 곳에
작은 방을 얻고, 그곳에서 꿈에 그리던 사진작가로서의
삶을 살기로 한다.

영화 「빅 픽처」의 폴처럼, 나도 코토르에 집을 빌렸다.
포도나무 넝쿨이 지붕을 덮고 있는 집이었다. 아침이면
성벽을 따라 산에 올랐다. 꼭대기에 서면 저 멀리

호수처럼 잔잔한 바다가 보였다. 빙하가 만들어낸
들쭉날쭉한 해안선을 따라 붉은 기와를 얹은 집들이
이어졌다. 아무리 봐도 지치지 않는 풍광을 가슴에
담다가, 대지가 달궈질 때쯤 집으로 돌아왔다. 늘어지게
낮잠을 자고 어슴푸레한 밤이 찾아오면 구시가로 나갔다.
반질반질하게 닳아버린 돌멩이로 뒤덮인 광장과 작은
벽돌을 견고하게 올려쌓은 건물들. 타임머신을 타고
중세시대의 어느 도시로 간 것 같았다. 나는 미로 같은
코토르의 골목을 헤매며 중세의 밤을 마음껏 즐겼다.

그렇게 며칠을 보내고 나서야 깨달았다. 폴이 왜 이곳으로
왔는지. 디나르알프스 산군에 둘러싸인 코토르는 불안에
휩싸인 그를 따뜻하게 보듬어줄 최적의 장소였을 것이다.
바다에서 내륙으로 깊숙이 들어온 협곡 끝에 있어서
과거의 모습을 숨기기에 적당했다. 게다가 비잔틴과
베네치아가 남긴 유산이 영감을 불어넣어 줄 테니. 만약
내가 도망자가 된다면 나도 폴처럼 코토르를 선택하지
않을까.

70

사랑이 잠든 곳

인도 ▲ 아그라

India, Agra

새벽 다섯 시, 릭샤를 잡아타고 타지마할로 갔다. 해가
뜨기 전 타지마할은 곤한 잠에 빠져 있었다. 개장 시간을
초조하게 기다리다가, 드디어 문이 열린 순간. 나는
순백으로 빛나는 둥그렇고 부드러운 돔을 보았다.

무굴제국의 왕이었던 샤 자한은 사랑하는 왕비 뭄타즈
마할이 세상을 떠나자 깊은 슬픔에 잠겼다. 제국의 수도
아그라와 가까운 자무나 강가에 그녀를 위한 무덤을
짓기로 했다. 천 마리의 코끼리가 대리석을 끌어왔다.
세계의 장인들이 돌을 깎고 다듬어 그녀가 누울 수 있는
땅과 기둥과 지붕을 만들었다. 2만 명의 기능공들이
그곳에 꽃나무를 새기고 보석을 박아 넣었다. 이로써

뭄타즈 마할은 네 개의 탑이 둘러싼 순백의 무덤 안에서
고이 잠들게 되었다.

이른 아침 자무나 강에서 피어오른 물안개가 부드럽게
타지마할을 감쌌다. 몽환적으로 빛나는 무덤을 보며
나는 그제야 샤 자한이 22년에 걸쳐 만든 것의 정체를
보게 되었다. 그것은 한 여인을 향한 지극한 사랑이 담긴,
천상의 궁전이었다.

71

알라메다 공원 산책

멕시코 ♠ 멕시코시티
Mexico, Mexico City

멕시코시티는 도시 전체가 거대한 미술관 같았다.
어느 건물에 들어가든 큼지막한 벽화가 그려져 있곤
했으니까. 더욱이 그 그림들은 멕시코를 대표하는 화가
디에고 리베라의 것이었다. 국립예술원에서 자본주의와
공산주의의 대립을 소재로 한 「십자로의 남자」를 보고
나와 그림 생각에 빠져 걷고 있는데, 디에고 리베라
이름이 걸린 작은 미술관이 보였다.

안으로 들어가니 벽면 한쪽을 가득 채운 거대한 벽화가
그려져 있었다. 지금까지 본 리베라의 그림이 투쟁적이고
혁명적이었다면, 수채화풍의 이 그림은 그와는 반대로
다정하고 온화했다. 「알라메다 공원에서의 어느 일요일

「오후의 꿈」이라는 작품명마저도 왠지 나른하게 여겨졌다.

그림 속에서 알라메다 공원을 배경으로 늘어선 사람들
한가운데에는 죽음의 여신인 '카트리나'가 서 있다.
카트리나의 오른손을 잡고 있는 소년은 유년 시절의
리베라로, 아직 어리지만 죽음의 여신과 평생 함께할 것을
알고 있다. 그나마 자기 뒤에 아내이자 화가인 프리다
칼로가 버티고 서 있으니 두려움은 좀 덜할까.

벽화는 수십 명의 사람들로 빼곡히 채워져 있었다. 아즈텍
제국을 정복한 에르난 코르테스, 개혁의 상징 베니토
후아레스, 농민 혁명을 이끈 에밀리아노 사파타……
"이 벽화는 시간과 공간을 무시하고 멕시코의 역사와
리베라의 개인사에 등장하는 인물들을 알라메다 공원에
모아놓은 작품으로서, 그야말로 멕시코와 리베라의
공동 자서전이라 불릴 만하다"*는 말처럼, 그림 속
사람들은 스페인 정복에서부터 1940년대까지 멕시코를
풍미했던 인물들, 그리고 리베라와 개인적 친분이 있는
사람들이었다.

디에고 리베라, 「알라메다 공원에서의 어느 일요일 오후의 꿈」, 1947

밖으로 나오니 환한 햇살에 눈이 부셨다. 멕시코의 과거로
떠났다가 현재로 돌아온 것 같았다. 한바탕 멕시코 꿈을
꾸고 온 듯한 기분. 나는 그림 속 알라메다 공원에서
빠져나와 봄 햇살 따뜻한 알라메다 공원으로 걸어
들어갔다.

♠ 이준명, 『멕시코, 인종과 문화의 용광로』, 푸른역사, 2013

사탕수수 농장의 추억

쿠바 ♠ 트리니다드

Cuba, Trinidad

트리니다드의 오후는 텅 비어 있었다. 파스텔 톤으로
밝게 칠한 담벼락. 신선한 공기를 빨아들이고 내뱉는
커다란 창. 아름답게 꾸며진 공원. 도시는 단정했지만
거리를 오가는 사람은 없었다. 열대의 더위에 마을 곳곳을
헤매고 다녀서인지 갈증이 나던 참이었다. 모퉁이를 돌자
웅성거리는 소리와 함께 한 무더기의 사람들이 눈에
들어왔다.

우리나라 시골 방앗간을 떠올리게 하는, 사탕수수 주스를
파는 작고 허름한 가게였다. 가게 안에는 털털거리며
돌아가는 고물 기계 한 대와 즙을 짜내고 버려진 사탕수수
껍질이 굴러다니고 있었다. 많은 사람들 틈을 비집고

들어갈 용기가 나지 않았다. 뒤에서 까치발로 빠끔대고
있자니 한 할아버지가 내 손에 있던 동전을 들고 가 방금
짜낸 초록색 주스를 들고 왔다. 여기저기서 사람들의
볼멘소리가 들렸다.

　"고마워요. 정말 시원하고 달아요."
　"사탕수수 주스는 트리니다드가 최고지. 왜 그런지
알아?"
　"아뇨. 몰라요."
　"이 근처에 거대한 사탕수수 농장이 있었거든.
엄청났지."

할아버지 말대로 도시 가까운 곳에 사탕수수 농장이
있었다. 인헤니오스 계곡. 그곳에선 엄청난 양의
사탕수수가 재배됐다. 18~19세기에 트리니다드는
사탕수수 산업으로 부를 일궜다. 하지만 소득은 농장을
소유하고 있는 자본가들이 독차지했고 농장에서 일하는
노동자들의 삶은 계속해서 가난했다.

1990년대 들어 사탕수수 산업이 쇠퇴하자 쿠바의
사탕수수 농장은 폐허가 됐다. 쿠바 경제도 한순간에
활력을 잃었고 노동자들은 빈곤으로 내몰렸다. 지금은
고풍스럽고 웅장한 건물들만이 화려했던 그 시절의
위용을 보여주고 있을 뿐이다. 사탕수수 주스는 유난히
달콤하지만 노동자들의 삶은 여전히 고단하다.

73

크메르의 미소

칸보디아 ♠ 시엠레아프

Cambodia, Siem Reap

끝없는 밀림 한가운데,

견고한 바위 덩어리로 지어진 신전으로 들어선다.

여러 겹의 문을 지나 미로처럼 얽힌 회랑을 걷는다.

톤레삽 호수에서 물고기를 건져 올리는 사람들,

시장에서 물건을 사고파는 사람들,

소달구지를 끌다가도 닭싸움에 정신을 파는 사람들.

수천 년 전, 장인들의 칼끝에서 탄생한

크메르 인들이 되살아나 나와 함께 걷는다.

우아하게 춤추는 압사라가 나를 초대한 곳은,

관세음보살이 머무는 불국토佛國土.

세월을 흠뻑 빨아들인 고색창연한 사면상四面像이

자애로운 미소로 나를 맞이한다.

연꽃 장식을 두른 넓은 이마 아래로

커다란 눈, 뭉툭한 코, 두툼한 입술이 부드럽게 이어진다.

각기 다른 모습을 하고 있는 200여 개의 관세음보살.

지혜를 추구하는 명상 속에서 눈을 감고

중생의 아픔을 헤아리며 눈을 뜬다.

귓가에 크메르의 미소를 띤 관세음보살의 음성이

들려온다.

     보이는 것이나 보이지 않는 것이나,

     멀리 사는 것이나 가까이 사는 것이나,

     이미 생겨난 것이나 생겨날 것이나,

     모든 님들은 행복하여지이다.

▲『숫타니파타』, 전재성 옮김, 한국빠알리성전협회, 2013

74

히피 마을의 아카시아 목걸이

아르헨티나 ♣ 엘볼손
Argentina, El Bolsón

기성 사회의 관습을 부정하고 인간성 회복을 주장하며
자유로운 생활을 추구하는 젊은이들, 히피. 그들이 모여
산다는 아르헨티나의 작은 마을 엘볼손에 들렀다. 하얀 눈
모자를 쓴 산군이 마을 주변을 두르고, 산에서 녹아내린
청량한 물은 호수와 시내를 이뤄 마을까지 흘러내려 왔다.
논밭을 일구고, 가축을 기르고, 물고기를 낚는 사람들.
바람 부는 날엔 패러글라이딩을, 한겨울엔 빙벽 타기를
즐기는 사람들이 사는 곳.

마을 한편에 히피들의 장이 섰다. 그들은 손수 만든
공예품과 농산물을 팔고 있었다. 호객 행위는 하지
않았다. 가판대 옆에 앉아 따뜻한 볕을 쪼이며 작업을

이어가고 있을 뿐. 그곳에서 아카시아 나무로 만든
목걸이를 하나 샀다. 깊은 숲 속에서 자란 아카시아
나무의 향기가 풍겨왔다. 그 향기가 가슴 깊이
각인되어서일까. 지금도 아카시아 꽃이 바람에 날릴 때면
엘볼손이 떠오르곤 한다. 그리고 그 순간만큼은 나도
세상의 틀에서 조금 자유로워진다. 더 가지려 욕심내지
않고 자연과 교감하며 살아가는 히피들처럼.

75

진나라 병사의 독백

중국 ♠ 시안
China, Xian

나는 진나라의 병사입니다. 이곳엔 나와 비슷한 병사들이
8천 명이나 있어요. 우리가 타고 다녔던 전투마도
100마리나 됩니다. 우리는 2천 년 전에 만들어졌어요.
진시황의 명령으로 장인들의 손에서 태어났지요.

장인들은 흙을 반죽해 우리 몸의 주요 부분들, 그러니까
얼굴, 몸통, 팔, 다리를 따로 따로 만들었어요. 그리고 각
부분을 이어 붙인 후 세부적으로 치장하기 시작했지요.
우선 머리카락을 빗어 오른쪽으로 틀어 올렸습니다.
피부를 매끈하게 다듬고 용맹스럽게 빛나는 눈도
새겼습니다. 콧수염, 턱수염, 구레나룻, 팔자수염 등 각기
다른 수염을 붙였어요. 얼굴 치장을 마친 후에는 갑옷을

입혔습니다. 허리엔 청동 버클이 달려 있는 허리띠를
두르고 무릎 아래로 보호대를 채웠지요. 아, 목에는
목도리도 둘렀습니다. 무거운 갑옷이 목에 닿아 마찰을
일으키면 전투에 방해가 되거든요. 그렇게 진시황의
무덤을 지킬 군대가 완성됐습니다. 하지만 우리는 한번
싸워보지도 못한 채 곧바로 깜깜한 암흑 속에 묻혔습니다.

긴긴 시간 잠들어 있던 우리를 깨운 것은 한
농민이었어요. 1974년 봄에 심한 가뭄이 들었어요. 마실
물이 없어 우물을 파기 시작했는데 땅 속에서 우리 몸에서
떨어져 나간 조각을 발견했지요. 사람들이 몰려와서
우리를 발굴해내기 시작했어요. 수천 년 간 암흑 속에
있다가 갑작스럽게 환한 빛을 받자, 화려하게 채색돼 있던
우리는 순식간에 무채색으로 바래버렸습니다. 게다가
발굴해 놓고 보니 세월의 더께를 견디지 못해 온통 깨지고
무너져 내려 있었지요. 우린 더 이상 진시황의 용맹한
군대가 아니었어요.

이런 우리에게 다시 생명을 입힌 건, 우리를 만든
장인들의 후손이었습니다. 그들은 물에 갠 흙으로
조각조각 깨져 있던 우리 몸을 다시 맞춰주었습니다.

부드럽고, 섬세하고, 다정한 손길로요. 우리가 세상에
나오자 수많은 사람들이 우리를 보러 왔습니다.
우아하면서도 늠름한 우리 앞에서 사람들은 연신 감탄을
내뱉었지요. 잠시 우쭐하기도 했습니다. 하지만 우리는 잘
알고 있습니다. 사람들이 터뜨리는 탄성은 보이지 않는
곳에서 우리를 만들고, 발굴하고, 다듬고, 어루만졌던
장인들에게 보내는 찬사라는 걸요.

76

카파도키아에서 띄우는 그리움

터키 ♠ 카파도키아
Turkey, Cappadocia

택시가 괴레메에 가까워질수록 풍경은 지구의 것에서
점점 더 멀어져 갔다. 광활한 카파도키아 중심에 있는
작은 마을 괴레메. 나는 그곳에 짐을 풀고 카파도키아
곳곳을 누비고 다녔다.

고깔모자를 쓰거나 버섯 모양을 한 바위들로 뒤덮인
지대를 탐험했고, 거대한 바위가 양 옆으로 버티고 선
길고 긴 으흘라라 계곡을 걸었다. 이슬람교도의 박해를
피해 숨어든 기독교도가 건설한 지하도시를 떠돌았고,
우치사르 성에 올라 오랜 세월 비와 바람이 깎아 만든
카파도키아 풍경에 취했다. 하루는 붉은 빛에 홀려 레드
밸리 깊숙한 곳까지 들어갔다가 길을 잃고 헤매기도 했다.

레드 밸리에서 살아 돌아온 나는 푸른빛이 영롱한 터키석
귀고리를 샀다. 귓가에서 딸랑거리는 터키석이 길을
인도해주리라 믿으면서.

괴이한 풍경 탓이었을까. 카파도키아에선 외계 행성에
홀로 떨어진 듯한 느낌이 들었다. 한국에 두고 온
사람들과 일상이 그리웠다. 그런 날엔 아침 일찍 요정의
계곡에 올랐다. 태양빛을 받으며 하늘로 떠오르는
열기구를 바라보다가, 수십 개의 열기구에 내 마음을
담기로 했다. 그리운 이들에게 가 닿기를 바라면서.

77

아부심벨 재조립 설명서

이집트 ♠ 아부심벨
Egypt, Abu Simbel

이집트 남쪽 나일 강변엔 아부심벨이라 불리는 신전이
있습니다. 67년 동안 이집트를 통치한 람세스 2세가
지은 신전이지요. 신전의 정면에는 람세스 2세를 닮은
조각상이 네 개나 있습니다. 금방이라도 자리에서 일어나
뚜벅뚜벅 걸어 나올 것만 같지요. 신전으로 들어가는 문
위에 매의 머리를 가진 호루스가 버티고 선 이 건축물은
무려 3200년 전에 만들어졌습니다.

그런데 1952년 큰 문제가 발생했습니다. 이집트
정부에서 나일 강의 수위를 일정하게 유지하는 한편,
공장에 공급할 전력을 생산하기 위해 '아스완하이 댐'을
짓기로 했어요. 댐 건설로 인해 아부심벨이 거대한 인공

호수 밑으로 수몰될 위기에 처하게 된 거죠. 자, 다음의
'아부심벨 재조립 설명서'를 읽고 신전을 수몰되지 않을
65미터 상류 지역으로 옮겨 주세요.

1. 신전을 옮길 위치에 거대한 콘크리트 돔 2개를 만들어
   덮어 단단한 인공 산을 만듭니다.
2. 아부심벨 신전에 1만 7,000개의 구멍을 뚫고, 그 안에
   끈적거리는 송진 덩어리를 밀어 넣습니다. 부드러운
   사암으로 만들어진 신전을 단단하게 굳히기 위해서죠.
3. 거대한 쇠줄 톱으로 신전을 1,036개의 블록으로
   자릅니다.
4. 모든 블록을 상부로 옮겨 원래의 신전 모습 그대로
   재조립하면 됩니다.
5. 이제 가장 까다로운 작업만 마치면 신전 이동은
   완성됩니다. 춘분과 추분에 태양빛이 신전의 깊숙한
   곳까지 들어올 수 있도록 방향을 맞춰주세요. 단, 그
   빛은 창조의 신인 '프타'의 조각상에 이르면 안 됩니다.

이상, 아부심벨 이전 작업에 성공한 유네스코에서
알려드렸습니다.

78

한밤의 살사

쿠바 ◈ 트리니다드
Cuba, Trinidad

지나가는 이 없고
골목의 클럽들도 한산한
한밤의 트리니다드.
아쉬움 마음으로 걸음을 돌리려 할 때
광장 쪽에서 음악이 들려왔다.
명쾌한 클라베.
깊게 울리는 콩가.
흥겨운 리듬에 맞춰
춤을 추는 사람들.
화려한 기교 없이,
밀고 당기는 단순한 동작만으로도
둘 사이엔 달콤한 긴장감이 흐른다.

광장 구석에 앉아

모히토 한 잔을 주문한다.

럼에 라임과 민트를 넣은 톡 쏘는 맛.

하루를 온전히 살아낸 사람들의 체취.

경쾌한 비트의 음악과

음파의 파동처럼 부드럽게 이어지는 몸놀림.

등줄기를 타고 오르는 한 줄기의 전율.

아아, 이것은 오감五感으로 즐기는

쿠반 살사.

Don't forget '93

보스니아헤르체고비나 ♠ 모스타르
Bosnia Herzegovina, Mostar

'오래된 다리'라는 뜻을 지닌 스타리 모스트는 내가
지금까지 봐온 중 가장 아름다운 풍광을 지닌 곳에 걸려
있었다. 마을은 돌이 듬성듬성 드러난 야생적인 산의 품에
폭 안긴 듯했다. 다리 주변으론 흰색 가옥들이 즐비했는데
그 사이로 가톨릭과 이슬람의 예배당이 보였다. 그런데
평화로워 보이는 이 마을에는 이상한 긴장감이 강을 따라
흐르고 있었다.

20여 년 전 이 땅에 '보스니아 민족 분쟁'이라는 내전이
일어났다. 모스타르에는 스타리 모스트를 사이에 두고
가톨릭교도와 이슬람교도가 살고 있었다. 어제의
이웃이었던 이들은 민족과 종교가 다르다는 이유로

오늘의 적이 되어 서로에게 총을 겨눴다. 3년이나 지속된 내전의 결과는 참혹했다. 20만 명 이상이 다치거나 목숨을 잃었다.

스타리 모스트 또한 참화를 피할 수 없었다. 상대편의 보급로를 끊겠다는 명목으로 다리 위에 폭탄이 쏟아졌다. 다리는 무참히 파괴됐고, 가톨릭교도와 이슬람교도는 이제 영원히 돌아올 수 없는 강을 건넌 것 같았다. 하지만 내전이 진정된 후 모스타르 시민들은 스타리 모스트 재건에 나섰다. 강에 수장된 다리의 파편을 건져 올려 계곡을 가로지르는 우아한 아치를 복원해냈다. 다리 입구에는 "Don't forget '93"이라는 비명碑銘을 세웠다. 참혹했던 내전의 아픔을 잊지 말자는 뜻이었다.

새롭게 탄생한 '오래된 다리' 주변에는 기념품을 파는 가게가 줄을 잇고, 밤이 오면 노란 불빛 아래 낭만적인 분위기가 떠돈다. 아직 서로에 대한 앙금이 말끔히 씻기지 않았지만, 소통을 위한 다리가 놓였으니 언젠가는 다시 친구가 될 수 있기를 기도한다.

80

에메랄드빛 노스탤지어

멕시코 ♠ 칸쿤
Mexico, Cancún

이별하기 좋은 장소는 어디일까. 어쩌면 세상에 이별하기
좋은 곳은 없을 거다. 사랑하는 사람, 정든 장소, 살뜰한
물건과 헤어지는 게 좋을 리 없을 테니. 그래도 어쩔 수
없이 그런 일을 겪어야 한다면, 행복했던 일은 가슴에
담고 힘들었던 일은 멀리 떠나보낼 수 있는 곳으로 가고
싶었다.

오랜 시간을 멕시코에서 보냈다. 멕시코를 떠나기 며칠 전
나는 칸쿤으로 갔다. 시시각각 색을 바꾸는 오묘한 물빛을
눈에 담으며 희고 고운 모래톱에 오랫동안 앉아 있었다.
해변으로 몰려온 파도가 모래를 쓰다듬었다.

그 모습을 보니 나도 모래 알갱이가 되어 파도에 몸을
맡기고 싶어졌다. 바다에 몸을 담갔다. 꽤 멀리까지
나갔는데도 물은 내 허리춤을 간질이고 있었다. 하늘을
바라보며 바다에 누웠다. 잔잔한 물결을 따라 내 몸이
이리저리 흔들거렸다. 그렇게 누워 마음은 멕시코에서
보낸 시간들을 거슬러 올라가고 있었다. 아주 오랫동안.
높고 거센 파도가 몰려와 나를 물 밖으로 밀어낼 때까지.

우린 그렇게 이별했다. 느리고 고요하게.

지난 몇 달 동안 저는 매일 밤 특별한 여행을
떠났습니다. 기차도 버스도 배도 타지 않고 서재로
들어가 매일 새로운 곳을 여행했어요. 주로 사람들이
사는 도시로 떠났지만, 때로는 산을 오르고 사막을
걷고 바닷속을 헤엄치기도 했습니다. 그리고 어느
밤, 저는 남아메리카 대륙을 세로로 가로지르는
안데스 산 속으로 들어갔습니다.

산타쿠르스 계곡을 걷는 트레킹에 나섰어요. 4천
미터가 넘는 높은 고개를 넘어야 했기에 트레킹을
도와줄 사람이 필요했습니다. 여행사에 들러 산길을
안내해줄 사람을 소개 받았어요. 3일 동안 먹고 자는
데 필요한 짐은 당나귀가 지기로 했습니다. 트레킹을
시작하던 날, 앳돼 보이는 소년을 만났어요.

알렉스라는 이름의 그 아이는 당나귀 몰이꾼
안드레스의 동생이었는데, 방학을 맞아 형의 일을
거들 겸 동행하게 됐다더군요. 안내인 하비에르,
당나귀 몰이꾼 형제 안드레스, 알렉스와 함께 산행을
시작했습니다.

우리는 실개천이 흐르는 계곡을 함께 걸었어요.
웅장한 따우이라후 봉우리를 보며 감탄하기도
했지요. 야영지에 도착하면 갓 튀겨낸 팝콘과
고산병에 도움이 되는 코카차를 마셨습니다. 밤이
오면 산 속에서 지은 소박한 저녁을 먹고 쏟아지는
별을 보며 잠들었습니다. 트레킹을 하는 내내 산길을
걸으며, 호숫가에 앉아서, 어둠이 깃든 텐트 안에서
그들과 많은 이야기를 나눴습니다.

안드레스와 알렉스는 산골 마을 가난한 농부의
아들이었어요. 페루를 여행할 때 많이 봐온,
산속에서 화전을 일구던 가족이었을 거란 생각이
들었습니다. 안드레스는 아직 스무 살인데도
당나귀 몰이에 익숙한 걸 보니 일찍부터 이 일을
시작한 모양이었습니다. 학교에 다니는 알렉스는

스페인어를 할 줄 알았지만 안드레스는 그마저도
배우지 못해 원주민 고유의 언어만 할 수 있었죠.
말은 잘 통하지 않았지만 저는 순박하고 따뜻한 그의
미소가 좋았습니다.

트레킹을 마치고 도시로 돌아가던 날 알렉스에게
주소를 물었습니다. 안드레스와 알렉스의 웃는
모습이 담긴 사진을 보내주고 싶어서였죠. 그는
'우와리팜파에 사는 꼬마 알렉스'라고 적어
주었어요. 너무 짧은 주소가 이상해서 몇 번이나
되물었지만 알렉스는 수줍게 웃으며 이게 맞다고
하더군요. 도시로 돌아와 사진을 인화해 우체국에
갔는데, 직원이 번지 없는 주소로는 우편물을 보낼
수 없다는 거예요. 사진을 부칠 수 없게 된 저는
울상이 돼서 여행사를 찾아갔어요. 하비에르가 다시
트레킹을 나가게 되면 인편으로 알렉스에게 사진을
전해달라고 부탁했죠. 그렇게 페루를 떠났습니다.

아직도 종종 알렉스가 생각납니다. 내가 보낸
사진은 잘 받았는지, 열두 살 소년이었던 그가
지금쯤 얼마나 자랐을지, 스페인어를 열심히

공부해서 다음에 만나면 더 많은 이야기를 나누자던
약속은 잘 지키고 있는지. 알렉스와 보낸 시간은
길지 않았지만, 나눌 수 있는 말도 몇 마디 되지
않았지만, 그와 전 마음으로 소통했다는 걸 알고
있습니다. 여행은 다른 사람을 이해하는 일이라는
생각이 듭니다. 세상 모든 사람이 나와 다를 바 없이
따뜻한 가슴을 가진 친구라는 것을 이해한다면,
이것이야말로 사회를 바꾸는 힘이 되지 않을까요.
이런 이야기들을 함께 나누고 싶었습니다.

여행이란 모든 익숙한 것들에서 떨어져 나와 낯선
상황 속으로 들어가는 일입니다. 그 과정에서 내가
당연하게 여겨왔던 것들이 실제로는 그렇지 않을
수 있다는 것을 깨닫게 되기도 하고요. 도시에
사는 사람에겐 번지가 중요하지만, 세상엔 그런
것과는 관계없이 살아가는 사람들도 있다는 걸 알게
되는 것처럼 말이죠. 어쩌면 제 글에는 번지 없이
길 위를 떠도는 사람들의 향기가 배어 있는지도
모르겠습니다. 당신도 이 향기를 따라 길을 떠날 수
있길 바랍니다. 길 위에 서면 새로운 풍경이 보이고
새로운 길이 열리니까요.

사색하기 좋은
도 시 에 서

초판 1쇄 2015년 9월 7일
초판 2쇄 2015년 11월 9일

글·사진 | 안정희

발행인 | 노재현
편집장 | 이정아
책임편집 | 주소은
디자인 | 권오경
조판 | 김미연
마케팅 | 김동현 김용호 이진규
제작지원 | 김훈일
일러스트 | 렐리시

인쇄 | 미래프린팅
발행처 | 중앙북스(주)
등록 | 2007년 2월 13일 제2-4561호
주소 | (135-010) 서울시 강남구 도산대로 156 jcontentree빌딩
구입문의 | 1588-0950
내용문의 | (02) 3015-4523
홈페이지 | www.joongangbooks.co.kr

ⓒ안정희, 2015

ISBN 978-89-278-0677-6 03980